普通高等教育基础课程系列教材

物理化学实验

主　编　毕韶丹　王　凯
副主编　历安昕　王　昕　王　雷
　　　　周　丽　李　红
参　编　牟世辉　王　铮

北京理工大学出版社
BEIJING INSTITUTE OF TECHNOLOGY PRESS

内 容 提 要

本书共7章，包括绪论、实验部分（化学热力学、电化学、化学动力学、表面与胶体化学、综合设计）、实验测量技术与仪器。绪论部分介绍了物理化学实验目的和要求、实验数据的处理方法、计算机软件处理数据方法、实验室安全常识等。数据处理软件Excel和Origin的介绍结合具体实验项目，有益于学生接受科学处理数据的方法。实验部分包括24个基础实验、7个综合设计实验，涵盖了物理化学的热力学、电化学、化学动力学、表面与胶体化学，实验项目的选取注重基础和提高相结合，由浅入深，逐步培养学生的实践技能和综合创新能力。实验测量技术与仪器部分系统地介绍了实验基础知识、测试技术和仪器使用。附录部分提供了18个物理化学实验常用数据表，便于读者查阅。

本书可作为高等院校化学化工类专业物理化学实验教材，也可作为相关专业科研人员的参考书。

版权专有　侵权必究

图书在版编目(CIP)数据

物理化学实验 / 毕韶丹，王凯主编. ---北京：北京理工大学出版社，2021.8
　ISBN 978-7-5682-7903-1

Ⅰ.①物…　Ⅱ.①毕…②王…　Ⅲ.①物理化学—化学实验—高等学校—教材　Ⅳ.①O64-33

中国版本图书馆CIP数据核字（2021）第165163号

出版发行 /	北京理工大学出版社有限责任公司
社　　址 /	北京市海淀区中关村南大街5号
邮　　编 /	100081
电　　话 /	（010）68914775（总编室）
	（010）82562903（教材售后服务热线）
	（010）68944723（其他图书服务热线）
网　　址 /	http://www.bitpress.com.cn
经　　销 /	全国各地新华书店
印　　刷 /	天津久佳雅创印刷有限公司
开　　本 /	787毫米 × 1092毫米　1/16
印　　张 /	11.5
字　　数 /	271千字
版　　次 /	2021年8月第1版　2021年8月第1次印刷
定　　价 /	31.80元

责任编辑 / 阎少华
文案编辑 / 阎少华
责任校对 / 周瑞红
责任印制 / 边心超

图书出现印装质量问题，请拨打售后服务热线，本社负责调换

前 言

物理化学实验是物理化学理论课程的重要组成部分，是研究物质的物理性质及物理性质与化学反应间关系的一门实验科学。通过本实验课程的学习，学生可以提高自身的实验技能，加深对基本原理和基础理论的理解，增强灵活运用基本理论解决实际化学问题的能力。

本书包括绪论、基础实验（第二章~第五章）、综合设计实验、实验测量技术与仪器七章内容。绪论部分介绍了物理化学实验的目的和要求、误差及数据处理方法、计算机软件处理数据方法、实验室安全知识等。基础实验部分包括化学热力学实验、电化学实验、化学动力学实验、表面与胶体化学实验，选取了24个各分支具有代表性的实验。通过基础实验教学，学生可以掌握物理化学实验方法和技术，加深对基本原理的理解。综合设计实验部分选取了7个实验，以培养学生独立设计实验方案、独立选取仪器完成实验的能力，提高学生创新和综合实践能力。实验测量技术与仪器部分较为系统地阐述了温度测量、压力测量、光学测量和电化学测量的实验基础知识、测试方法与技术手段，展现了物理化学的新进展、新技术。附录收集了18个物理化学实验常用数据表，便于读者查阅。

本书在编写上有以下特点：

（1）注重实验内容的完整性。基础实验部分系统地介绍了每个实验的基本原理、研究方法和手段等，使学生对实验内容有较为系统的了解，能全面掌握实验原理和方法。每个实验相对独立，不受限于理论课程，便于课程设置和独立开课。

（2）注重仪器设备和实验技术的不断更新和发展，增加新仪器和新技术的介绍。

（3）强调科学数据处理软件的应用。重点介绍计算机数据分析方法和Origin软件的应用，部分实验编入Origin软件处理实验数据的方法，使学生掌握应用软件进行误差统计、科学绘图和回归分析等方法。

（4）在多数实验中引入"实验讨论与拓展"，以加深学生对实验内容的理解和拓展知识面。

（5）加强实验基本知识和基本技术的介绍，使学生掌握测量方法和技术的发展与现状，为学生完成基础实验及后续课的综合设计实验打下良好基础。

本书可作为高等院校化学、化工等相关专业物理化学实验教材，也可供研究生、从事化学实验室工作及相关科研工作人员参考和使用。

  本书由长期从事物理化学实验教学的一线教师，在总结多年实践教学经验的基础上编写而成。本书由沈阳理工大学毕韶丹和沈阳科技学院王凯担任主编，担任副主编的有沈阳科技学院历安昕，沈阳理工大学王昕、王雷、李红和辽宁中医药大学杏林学院周丽，参与编写工作的还有沈阳理工大学牟世辉、王铮。全书由毕韶丹统稿和定稿。

  由于编者水平有限，书中难免存在疏漏和不妥之处，敬请读者批评指正。

编 者

目 录

第一章　绪论……………………………………1

第一节　物理化学实验的目的和要求………1
第二节　物理化学实验中的误差及数据处理…………………………………3
第三节　实验数据的计算机处理——Excel和Origin的应用………10
第四节　物理化学实验室的安全常识………23

第二章　化学热力学实验……………………27

实验一　燃烧热的测定………………………27
实验二　凝固点降低法测定摩尔质量………33
实验三　双组分金属相图的绘制……………37
实验四　完全互溶双液系平衡相图的绘制…………………………………40
实验五　液体饱和蒸气压的测定……………45
实验六　溶解热的测定………………………48
实验七　化学平衡常数及分配系数的测定…………………………………52
实验八　甲基红酸解离平衡常数的测定……55
实验九　三元液-液体系等温相图的绘制…58

第三章　电化学实验…………………………61

实验十　电导率的测定及其应用……………61

实验十一　电极制备和电池电动势的测定…………………………………64
实验十二　极化曲线的测定…………………68
实验十三　中药的离子透析…………………72
实验十四　离子迁移数的测定………………74
实验十五　电动势法测定难溶盐的溶度积…………………………………78

第四章　化学动力学实验……………………82

实验十六　蔗糖水解反应速率常数的测定…………………………………82
实验十七　乙酸乙酯皂化反应速率常数的测定……………………………87
实验十八　丙酮碘化反应的速率方程………90
实验十九　过氧化氢的催化分解……………94

第五章　表面与胶体化学实验………………98

实验二十　最大气泡法测定溶液表面张力…………………………………98
实验二十一　胶体的制备、性质及电泳……………………………………103
实验二十二　电导法测定表面活性剂的临界胶束浓度……………107
实验二十三　醋酸在活性炭上的吸附……110

实验二十四　黏度法测定高聚物的平均
摩尔质量……………………112

第六章　综合设计实验……………118

实验二十五　不同食用油热值的测定……118

实验二十六　电解质溶液平均活度
因子的测定………………119

实验二十七　普通洗衣粉临界胶束
浓度的测定………………120

实验二十八　酸度对蔗糖水解反应
速率的影响………………121

实验二十九　不同浓度硫酸铜溶液中
铜电极电势的测定………122

实验三十　　溶胶的制备及其性质测定……123

实验三十一　固体比表面的测定………124

第七章　实验测量技术与仪器………126

第一节　温度测量技术与仪器……………126

第二节　压力测量技术与仪器……………134

第三节　折射率的测量与阿贝折光仪……143

第四节　吸光度的测量与分光光度计……147

第五节　溶液pH值的测量与酸度计……150

第六节　电导的测量与电导率仪…………155

第七节　电池电动势的测量与电位差
测试仪………………………………159

第八节　旋光度的测量与旋光仪…………164

附录　物理化学实验常用数据表……168

参考文献……………………………………177

第一章 绪论

第一节 物理化学实验的目的和要求

一、物理化学实验的目的

物理化学实验是化学实验的重要分支,是继无机化学实验、有机化学实验之后的又一门基础化学实验课程。物理化学实验以测量系统的物理量为基本内容,通过实验手段,研究系统的物理性质,以及物理性质与化学性质之间的某些重要规律。它在培养学生踏实求真的科学态度、严肃细致的实验作风、熟练规范的操作技能,以及运用物理化学实验方法分析、解决实际问题的能力等方面起着重要的作用。

物理化学实验的主要目的如下:

(1)使学生掌握基本仪器的使用方法、实验要领和实验技能,培养学生观察实验现象、正确记录和处理实验数据,以及分析实验结果的能力。

(2)巩固和加深学生对物理化学基本理论和基本概念的理解。

(3)培养学生严肃认真、实事求是的科学态度和严谨的工作作风。

二、物理化学实验的要求

为达到物理化学实验的目的,需对学生提出严格而明确的要求。

1. 实验前准备

(1)实验前必须充分预习。要仔细阅读实验内容,查阅相关文献,明确实验目的和要求,重点了解实验方法、仪器操作、实验步骤,明确要测量和记录的数据。

(2)写出预习报告。预习报告内容包括实验目的、简单的实验原理、实验内容和注意事项,以及预习中产生的疑难问题等,根据实验中要记录的数据,按照实验的先后顺序,设计原始数据记录表。没有预习报告者不得进行实验。

预习报告在实验前交教师检查,并接受必要的提问,学生达到预习要求方可进行实验。学生是否充分预习对实验效果的好坏和对仪器的损坏程度影响极大,因此,必须坚持做好实验前的预习,以利于提高实验效果。

2. 实验过程

(1)按实验分组到指定的实验台前,先检查测量仪器和试剂是否符合要求,如有短缺或损坏,应及时向教师声明,以便补充和修理。

(2)在指导教师讲解后，方能进行实验，以确保实验的安全和正常进行。不了解仪器使用方法前，不得乱试和擅自拆卸仪器。

(3)实际操作时，要仔细观察实验现象，严格控制实验条件，客观详细地记录实验数据，及时发现和妥善处理实验中遇到的各种问题。

(4)实验结束后，应及时清洗、整理和核对仪器，做好仪器使用情况登记。做好实验室卫生，经指导教师同意后，方能离开实验室。

3. 实验记录

实验数据的记录要求完全、准确、整齐清楚、实事求是。具体要求如下：

(1)实验数据尽量采取表格形式记录在预习报告上，不要将数据记录在其他纸片上，然后抄写到预习报告上。

(2)用黑色水性笔进行记录(不能用铅笔记录)，不能随意涂改，如发现数据有问题需要修改，用单线划掉，再写出正确数据。

(3)与实验有关的信息均应记录在案，如室温、大气压、样品质量、试剂浓度、仪器的型号规格等。

(4)所有原始数据应当场记录，不要事后补记。实验结束时，应将实验原始数据交指导教师检查、签字。如数据不合格，则需补做或重做实验。

4. 实验报告的写作

学生应在规定的时间内独立完成实验报告，及时交指导教师批阅。

(1)报告内容包括实验目的、实验原理、主要步骤、数据记录与处理、结果与讨论。

实验目的要简明扼要，说明用什么实验方法解决研究对象的什么问题。

实验原理要重点突出，简明扼要地阐述，不要简单照抄实验教材内容。

数据处理要写出计算公式及计算过程。作图要用坐标纸或用计算机绘制图形，标明坐标轴物理量、单位，图、表要注明各自的图名和表题，图纸应贴在报告纸上。

结果与讨论主要包括实验结果的误差分析，实验过程中异常现象的分析和解释，对实验方法、操作步骤、仪器装置等改进的意见等。

(2)实验报告一律采用统一的实验报告纸，字迹要清楚，用钢笔书写报告。

(3)实验报告由指导教师批改，按优、良、中、及格、不及格五级评分。如果数据处理错误或实验报告不符合要求，应重写实验报告；不交实验报告者以不及格论。

注意：实验报告必须独立完成。即便是同组进行实验，每个人的观察角度和行文方式不同，撰写的实验报告不可能相同，如发现雷同报告将退回重写，并扣除30%的评分。

三、物理化学实验的注意事项

(1)进实验室应换实验服，保持室内安静，不大声交谈，不到处乱走。

(2)实验室严禁吸烟、饮食，严禁把食品带进实验室；禁止穿拖鞋、背心进实验室。

(3)实验中要用到多种化学药品及各种电学仪器，因此，要求学生高度重视安全知识的学习，要遵守操作规程，听从教师安排，避免发生事故。

(4)不得乱动与实验无关的仪器与设备，不要乱拿其他组的仪器。未经教师允许，不得擅动精密仪器。使用时如发现仪器损坏，要立即报告指导教师。

(5)水、电、燃气、药品及试剂等要节约使用。取用试剂时要遵守正确的操作方法；

放在指定位置的公用试剂不得擅自拿走；配套使用的试剂瓶滴管和瓶塞，用后应立即放回原处，避免混淆和沾污试剂。

（6）化学固体废物和废液要统一收集，纸张等其他废物只能丢入废物缸，不能随地乱丢，更不能丢入水槽，以免堵塞。

（7）实验完毕要清理实验台，洗净玻璃仪器，整理公用仪器、试剂药品等，如有仪器损坏应进行登记。经实验教师检查合格后方可离开实验室。

（8）实验结束后，由学生轮流值日，负责打扫整理实验室，检查水、气、门窗是否关好，电闸是否关闭，经实验室管理教师批准后，方可离开实验室。

第二节　物理化学实验中的误差及数据处理

在物理化学实验中，经常使用仪器对各种物理量进行测量，并对测得的数据进行归纳和处理，找出变量间的规律。测量过程由于所用仪器、测量方法、条件控制和实验者观察局限等因素的影响，都会导致测量值与真值之间存在着一个差值，称为测量误差。实践表明，一切实验测量的结果都存在这种误差，严格来说真值是无法测得的。

一、误差的分类

根据误差的性质和产生的原因，误差可分为系统误差、偶然误差和过失误差三类。

1. 系统误差

系统误差又称为恒定误差，它是由于某种特殊原因所造成的误差，具有方向性和可测性。这种固定原因引起的误差使实验结果永远朝一个方向偏离，测得的数据全部偏大或全部偏小，当重复测量时，这种误差会重复出现，多次测量也不会相互抵消。

系统误差产生的主要原因如下：

（1）仪器误差。源于仪器本身不够精确，如移液管、滴定管、温度计的刻度不够准确，天平砝码不准，仪器失灵或不稳等。

（2）试剂误差。所使用的化学试剂纯度不够，如试剂含有被测物质或干扰物质。

（3）方法误差。测量方法本身的限制，如反应没有进行到底，计算公式有某些假设或近似，指示剂选择不当，干扰离子的影响，副反应的发生等。

（4）个人误差。由于测量者的个人习惯和特点所引入的主观误差。如对时间信号的反应总是滞后，辨别滴定终点时对颜色感觉不灵敏，读数总是偏高或偏低等。

系统误差靠增加实验次数是无法消除的。可以通过改变实验方法和实验条件，选用不同的仪器设备，提高化学试剂的纯度，更换观测者，采用不同的实验技术等手段，综合考虑影响因素，达到消除或减小系统误差的目的，提高准确度。

2. 偶然误差

在相同条件下，多次重复测量同一物理量，每次测量结果都在某一数值附近随机波动，这种测量误差称为偶然误差。偶然误差也称为不确定误差或随机误差。

偶然误差源于无法确认和无法控制因素的影响，其产生的主要原因如下：

（1）操作者感官分辨能力的限制或技巧不够熟练。如实验者对仪器的最小分度值以下的估读、颜色变化的判断，每次很难完全一致。

（2）测量仪器的某些活动部件所指示的测量结果，在反复测量时很难每次完全一致。如电流和电压的波动。

（3）暂时无法控制的某些实验环境条件的变化，如环境温度和湿度的微小波动。

偶然误差具有不可测性和不可避免性，它决定着测量结果的精密度。偶然误差的大小和正负一般服从正态分布规律。误差分布具有对称性，可采取多次测量取平均值的办法来消除，而且测量次数越多，其算术平均值就越接近真值。

3. 过失误差

过失误差是指由于实验者的错误、不正确操作或测量条件突变造成的误差。如标度看错、记录写错、计算错误等。

过失误差无规律可循，只要多方警惕，细心操作，此类误差是完全可以避免的。

二、误差的表示方法

1. 绝对误差和相对误差

在物理量的测定中，偶然误差总是存在的，所以测得值 x 和真值 $x_{真}$ 之间总有着一定的偏差，这个偏差称为绝对误差，用 Δx 表示，即

$$\Delta x = x - x_{真} \tag{1-1}$$

绝对误差和真值的比，称为相对误差，即

$$相对误差 = \frac{x}{x_{真}} \times 100\% \tag{1-2}$$

绝对误差的单位与被测量的单位相同，而相对误差无因次，因此，不同物理量的相对误差可以互相比较。绝对误差的大小与被测量的大小无关，而相对误差与被测量的大小及误差的值都有关，因此以相对误差评定测定结果的精密程度更为合理。

2. 平均误差和标准误差

以较少的测量次数所得结果的算术平均值代替误差计算公式中的真值，这样计算得到的误差，即测量值与算术平均值的差，称为偏差，以 d_i 表示，即

$$d_i = x_i - \bar{x} \tag{1-3}$$

式中，$\bar{x}$ 为有限次测量的算术平均值，即 $\bar{x} = \frac{1}{n}\sum_{i=1}^{n} x_i$

（1）平均误差：为了说明测量结果的精密度，一般以测量结果的平均偏差表示，即

$$\bar{d} = \frac{1}{n}\sum |d_i| = \frac{1}{n}\sum |x_i - \bar{x}| \tag{1-4}$$

（2）相对平均误差 δ：平均偏差与算术平均值的比，即

$$\delta = \frac{\bar{d}}{\bar{x}} \times 100\% \tag{1-5}$$

（3）标准误差：

$$\sigma = \sqrt{\frac{\sum_{i=1}^{n} d_i^2}{n-1}} \tag{1-6}$$

常用标准误差来衡量精度，标准误差能将一组测量中较大或较小的误差更显著地反映出来，应用较为广泛，测量结果可以表示为 $x\pm\sigma$。

相对标准偏差也称变异系数 σ 相对，即

$$\sigma_{相对}=\frac{\sigma}{x}\times 100\% \qquad(1-7)$$

三、偶然误差的统计规律

偶然误差是无法完全避免的，其是一种不规则变动的微小差别。但是在相同条件下，对同一物理量进行多次测量，当测量次数足够多时，则发现偶然误差服从统计规律。这种规律可用图 1-1 中的典型曲线表示。此曲线称为偶然误差的正态分布曲线。图中 y 表示误差出现的次数，σ 为标准偏差，由图 1-1 偶然误差的正态分布曲线可以看出偶然误差具有以下三个规律：

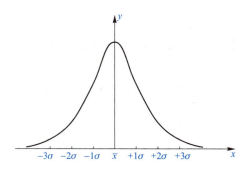

图 1-1　偶然误差的正态分布曲线

（1）在一定的测量条件下，偶然误差的绝对值不会超过一定界限。

（2）正态分布曲线以 y 轴为对称，因此，绝对值相同的正、负偶然误差出现的概率相同。

（3）绝对值小的偶然误差比绝对值大的偶然误差出现的概率大。

由数理统计分析可以得出，误差在 $\pm 1\sigma$ 内出现的概率是 68.3%；在 $\pm 2\sigma$ 内出现的概率是 95.5%；在 $\pm 3\sigma$ 内出现的概率是 99.7%，由此可见，误差超过 $\pm 3\sigma$ 出现的概率仅为 0.3%，因此当测量次数无限增加时，偶然误差的算术平均值趋于零。

为减小偶然误差的影响，在实际测量中对被测的物理量进行多次重复的测量，可以提高测量的精度和重现性。统计结果表明测量结果的偏差大于 $\pm 3\sigma$ 的概率小于 0.3%，因此根据小概率定理，凡误差大于 $\pm 3\sigma$ 的数据点，均可以作为粗差剔除。严格地说，测量达到 100 次以上时方可如此处理，粗略地用于 15 次以上的测量。对于测量次数为 10~15 次时可用 $\pm 2\sigma$，若测量次数再少，应酌情递减。

四、间接测量结果的误差计算

在物理化学实验中，大多要测量几个物理量，通过函数运算才能得到所需要的结果，这称为间接测量。由于直接测量的数据是有误差的，因此，间接测量也不可避免地有一定

的误差。下面讨论如何计算间接测量的误差。

1. 间接测量结果的平均误差和相对平均误差

设某个物理量 u 是从直接测量 x 和 y 求得，即 u 为 x、y 的函数。函数关系为

$$u = f(x, y) \tag{1-8}$$

将式(1-8)微分得

$$\mathrm{d}u = \left(\frac{\partial u}{\partial x}\right)\mathrm{d}x + \left(\frac{\partial u}{\partial y}\right)\mathrm{d}y \tag{1-9}$$

已知直接测量 x、y 时的平均误差为 Δx、Δy，它所引起数值 u 的误差为 Δu，当误差 Δu、Δx、Δy 足够小时，可代替它们的微分 $\mathrm{d}u$、$\mathrm{d}x$、$\mathrm{d}y$，并考虑到直接测量的正、负误差不能对消而引起误差积累，取其绝对值，这时 u 的平均误差 Δu 为

$$\Delta u = \left|\frac{\partial u}{\partial x}\right| |\Delta x| + \left|\frac{\partial u}{\partial y}\right| |\Delta y| \tag{1-10}$$

若将式(1-8)两边取对数再微分，然后结合式(1-10)可得出相对平均误差的表达式，即

$$\frac{\Delta u}{u} = \frac{1}{f(x, y)}\left[\left|\frac{\partial u}{\partial x}\right| |\Delta x| + \left|\frac{\partial u}{\partial y}\right| |\Delta y|\right] \tag{1-11}$$

以上两式分别为间接测量结果的平均误差和相对平均误差的普遍公式。由此可以导出部分函数的平均误差计算公式(表 1-1)。

表 1-1 部分函数的平均误差计算公式

函数关系	平均误差	相对平均误差
$u = x \pm y$	$\pm(|\mathrm{d}x| + |\mathrm{d}y|)$	$\pm\left(\dfrac{|\mathrm{d}x| + |\mathrm{d}y|}{x \pm y}\right)$
$u = xy$	$\pm(y|\mathrm{d}x| + x|\mathrm{d}y|)$	$\pm\left(\dfrac{|\mathrm{d}x|}{x} + \dfrac{|\mathrm{d}y|}{y}\right)$
$u = x/y$	$\pm\left(\dfrac{y|\mathrm{d}x| + x|\mathrm{d}y|}{y^2}\right)$	$\pm\left(\dfrac{|\mathrm{d}x|}{x} + \dfrac{|\mathrm{d}y|}{y}\right)$
$u = x^n$	$\pm(nx^{n-1}\mathrm{d}x)$	$\pm\left(\dfrac{n}{x}\mathrm{d}x\right)$
$u = \ln x$	$\pm\left(\dfrac{1}{x}\mathrm{d}x\right)$	$\pm\left(\dfrac{1}{x\ln x}\mathrm{d}x\right)$

【例】 以苯为溶剂，用凝固点降低法测定萘的摩尔质量，计算公式为

$$M = K_\mathrm{f}\frac{m_\mathrm{B}}{\Delta T_\mathrm{f} m_\mathrm{A}} = K_\mathrm{f}\frac{m_\mathrm{B}}{(T_0 - T_\mathrm{f})m_\mathrm{A}}$$

式中，ΔT_f 为凝固点降低值，$\Delta T_\mathrm{f}(\mathrm{K}) = \Delta t_\mathrm{f}(\mathrm{°C})$，$\Delta t_\mathrm{f} = t_0 - t_\mathrm{f}$，$t_\mathrm{f}$、$t_0$、$m_\mathrm{A}$、$m_\mathrm{B}$ 为直接测量值，溶质质量 m_B 用分析天平称得，$m_\mathrm{B} = (0.147\,2 \pm 0.000\,2)\mathrm{g}$；溶剂用 25 mL 移液管移苯液，其密度为 $0.879\,\mathrm{g/cm^3}$。溶剂质量 $m_\mathrm{A} = [(25.0 \pm 0.1) \times 0.879]\mathrm{g}$。

用贝克曼温度计测量凝固点，其精密度为 $0.002\,\mathrm{°C}$，3 次测得纯苯的凝固点 t_0 读数为 $3.784\,\mathrm{°C}$、$3.777\,\mathrm{°C}$、$3.785\,\mathrm{°C}$。溶液的凝固点 t_f 读数为 $3.510\,\mathrm{°C}$、$3.514\,\mathrm{°C}$、$3.505\,\mathrm{°C}$，试计算实验测定的苯摩尔质量 M 及其相对误差。

对测得的纯苯凝固点 t_0 求平均值：$\bar{t_0} = (3.784 + 3.777 + 3.785)/3 = 3.782(\mathrm{°C})$

其平均偏差为：$\overline{\Delta t_0} = \pm(0.002+0.005+0.003)/3 = \pm 0.003(℃)$。

同上法计算溶液凝固点的平均值和平均偏差：$\overline{t_f} = 3.510\ ℃$，$\overline{\Delta t_f} = \pm 0.004\ ℃$。

对于 Δm_A 和 Δm_B 的确定，可由仪器的精密度计算：$\Delta m_A = \pm 0.1 \times 0.879 = \pm 0.09$ (g)；$\Delta m_B = \pm 0.000\ 2\ g$。

所以凝固点降低值为：$\Delta T_f = \Delta t_f = (3.782 \pm 0.003) - (3.510 \pm 0.004) = (0.272 \pm 0.007)(℃)$。

则萘的摩尔质量 M 的相对误差为

$$\frac{\Delta M}{M} = \frac{\Delta m_A}{m_A} + \frac{\Delta m_B}{m_B} + \frac{\Delta(\Delta T_f)}{\Delta T_f}$$

$$\frac{\Delta M}{M} = \left(\pm\frac{0.09}{25.0 \times 0.879}\right) + \left(\pm\frac{0.000\ 2}{0.147\ 2}\right) + \left(\pm\frac{0.007}{0.272}\right)$$

$$= \pm(4.0 \times 10^{-3} + 1.4 \times 10^{-3} + 2.6 \times 10^{-2}) = \pm 3.1 \times 10^{-2}$$

已知溶剂的凝固点降低常数为 $5.12\ K \cdot kg \cdot mol^{-1}$，则

$$M = K_f \frac{m_B}{\Delta T_f m_A} = \frac{5.12 \times 0.147\ 2}{0.272 \times 25 \times 0.879} = 126(g/mol)$$

$$\Delta M = 126 \times (\pm 3.1 \times 10^{-2}) = \pm 4$$

最终结果：$M = (126 \pm 4)\ g/mol$。

由上所述，测定萘的相对分子质量的最大相对误差为 3.1%。最大的误差来自温度差的测量。而温度差的相对平均误差则取决于测温的精密度和温差的大小。增加溶质，虽然 ΔT_f 增大，相对误差可以减小，但有一定限度，因为溶液浓度过大则不符合计算公式所要求的稀溶液条件，从而将引入系统误差。因此，本实验的关键在于测温的精密度，故采用贝克曼温度计。而且在实验操作中，常加入少量固体溶剂作为晶种，以避免产生过冷现象而影响读数。

计算表明，由于溶剂用量较大，可用移液管移取或粗天平称量，而溶质因用量少，就需用分析天平称量。事先了解各个所测之量的误差及其影响，就能指导我们选择正确的实验方法，选择精密度相当的仪器，抓住测量的关键得到较好的结果。

2. 间接测量结果的标准偏差和相对标准偏差

设物理量 u 是直接测量 x、y、$\cdots$ 的函数，函数关系为 $u=f(x,y,\cdots)$，其中 x、y、$\cdots$ 的标准偏差分别为 σ_x、σ_y、$\cdots$，则 u 的标准偏差经推导为

$$\sigma_u = \left[\left(\frac{\partial u}{\partial x}\right)^2 \sigma_x^2 + \left(\frac{\partial u}{\partial y}\right)^2 \sigma_y^2 + \cdots\right]^{1/2} \tag{1-12}$$

式(1-12)是计算标准偏差的普遍公式。

五、有效数字与运算法则

有效数字是指测量中实际能测量到的数字，它包括测量中全部准确数字和一位估计数字。有效数字的位数反映测量的准确程度，它与测量中所用仪器有关。例如，我们量取某液体的体积，用最小分度为 0.1 mL 的滴定管量取 6.52 mL，用最小分度为 1 mL 的小量筒量取 6.5 mL，前者是三位有效数字，6 和 5 是准确数字，2 是估计数字，后者是两位有效数字，6 是准确数字，5 是估计数字。可见，用滴定管量取比用小量筒量取更准确。

关于有效数字的表示方法及其运算法则如下：

(1)误差一般只取一位有效数字，至多不超过两位。

(2)任何一测量数据，其有效数字的最后一位，在位数上应与误差的最后一位对齐。例如，用分度为 0.1 mL 的移液管移取 3.25 mL，正确记法为 (3.25±0.01) mL，若记成 (3.250±0.01) mL，就夸大了结果的精密度，若记成 (3.2±0.01) mL，则缩小了结果的精密度。

(3)确定有效数字位数时，应注意"0"这个符号。绝对值小于1的物理量用小数表示时，紧接小数点后的 0 仅用来确定小数点的位置，并不作为有效数字。如 0.002 6 中小数点后的两个 0 不作为有效数字。非 0 数字之后的 0 作为有效数字，如 0.002 604 和 0.002 600 都是四位有效数字；又如 1.000 0 中小数点后四个 0 均为有效数字。对于所测物理量过小或过大的情况，一般结合测量时的有效数字，采用科学计数法表示，即用乘 10 的相应幂次表示。如 26 000，若表示五位有效数字则写成 $2.600\ 0\times10^4$，若表示二位有效数字则写成 2.6×10^4；又如 0.002 6，若表示二位有效数字则写成 2.6×10^{-3}，表示三位有效数字则写成 2.60×10^{-3}。

(4)有效数字的位数越多，所测量数值的精确度越高，相对误差就越小。例如，分度为 1 ℃ 的温度计测得水的温度为 23.5 ℃，是三位有效数字，误差为 ±0.1 ℃，相对误差为 0.4%；而分度为 0.1 ℃ 的温度计测得水的温度为 23.53 ℃，是四位有效数字，误差为 ±0.01 ℃，相对误差为 0.04%。

(5)若第一位的数值等于或大于 8，则有效数字的总位数可多算一位。例如，9.58 尽管只有三位，但在运算时可以看作四位。

(6)在运算舍弃多余的数字时，采用"四舍六入逢五尾留双"的原则。例如，将数据 9.435 和 4.685 取三位有效数字，根据上述原则，应分别取为 9.44 和 4.68。

(7)在加减运算中，各数值小数点后所取的位数以其中小数点后位数最少者为准。如 13.648+0.01+1.632 的计算应为 13.65+0.01+1.63=15.29。

(8)在乘除运算中，各数保留的有效数字应以其中有效数字最少者为准。例如，$1.436\times0.020\ 568\div85$ 中，85 的有效数字最少，由于首位是 8，所以可以看作三位有效数字，其余两个数值也应保留三位，最后结果也只保留三位有效数字，即 $1.44\times0.020\ 6\div85=3.49\times10^{-4}$。

(9)乘方或开方运算中，结果可多保留一位有效数字。

(10)对数运算时，若对数中的首数不是有效数字，则对数的尾数的位数应与各数值的有效数字相当。例如，$[H^+]=7.6\times10^{-4}$ 有两位有效数字，则 pH=3.12 小数点后应保留两位；$K=3.4\times10^9$，则 lg$K$=9.53。

(11)若第一次运算结果需代入其他公式进行第二、第三次运算，则各中间值可多保留一位有效数字，以免误差叠加。但在最后的结果中仍要按"四舍六入逢五尾留双"原则，以保持原有的有效数字位数。

(12)算式中，常数 π、e 和手册中的常数，如阿伏伽德罗常量、普朗克常量等不受上述规则限制，其有效数字位数可根据实际需要取舍。

六、实验数据的表达

物理化学实验结果的表示方法主要有列表法、作图法和数学方程式法三种。

1. 列表法

列表法就是将实验数据用表格的形式表达出来。其优点是能够使全部数据一目了然，便于检查和进一步处理。列表时应注意以下几点：

(1) 表格要有序号和简明、完整的名称，每行或每列第一栏应列出栏头。

(2) 由于表中列出的常常是一些纯数（数值），相应的表头也应该是一纯数。应当是量的符号 A 除以量的单位 $[A]$，即 $A/[A]$，例如 p/Pa。

(3) 自变量在表中的排列最好依次递减或递增，记录的数据要排列整齐，位数和小数点要上下对齐。如果数据有公共乘方因子，可将公共乘方因子写在栏头内，表示为与物理量符号相乘的形式。如不同温度下水的离子积有公共乘方因子 10^{-14}，则栏头可写为 $10^{-14}K_\mathrm{w}$。

2. 作图法

作图法就是将实验数据用一定的函数图形表示出来的方法。作图法的优点是既能直观地显示出数据的变化规律及特点，如极大值、转折点、变化周期等，又便于数据的分析比较，确定经验方程式中的常数，还可以利用图形对数据做进一步处理，如求内插值、外推值等。

(1) 作图的一般原则。

1) 使用坐标纸作图。一般选择直角坐标纸，有时也选用对数坐标纸和半对数坐标纸。在表达三组分体系相图时，通常采用三角坐标纸。

2) 在直角坐标中，一般以自变量为横轴，因变量为纵轴，轴旁以"名称/单位"的形式注明变量的名称与单位，10 的幂次以相乘的形式紧跟名称之后。

3) 选择适当的坐标比例。坐标刻度要能表示出全部有效数字，比例和分度应与实验测量的准确度一致，坐标纸每小格对应的数值应方便易读，一般采用 1、2 或 5 较好。

4) 横坐标零点不一定选在原点，应充分利用图纸，提高图的准确度，使所作图形匀称地分布于图面。若图形为直线或近似直线，应尽可能使直线与横坐标的夹角接近 45°。

5) 将测得数据的各点标注在图上，实验点用铅笔以"×""□""★""△"等符号标出，点的大小应代表测量的精确度。若在同一图中作多条曲线或直线，应采用不同的符号予以区别，并且在图中要注明各符号所代表的曲线种类。

6) 标注实验点后，借助曲线尺或直尺把各点连成线，绘制的曲线或直线应尽可能贯穿或接近所有的实验点，曲线应光滑均匀，细而清晰。曲线不必强求通过所有点，实验点应该分布在曲线两边，在数量上应近似相等。数据点与曲线之间的距离表示测量的误差，曲线与数据点之间的距离应尽可能小，使线两边分布的点数及点离线的距离大致相同。

7) 曲线做好后，在图的正下方要标明图的序号和名称。

(2) 在曲线上作切线的方法。作曲线的切线有镜像法和平行线段法两种方法。

1) 镜像法。取一块平面镜，垂直放在坐标纸上，使镜子的边缘与曲线相交于 P 点。以 P 点为轴旋转平面镜，直到图上曲线与镜像中曲线连成光滑的曲线，过点 P 沿镜面作直线即为该点的法线，再过点 P 作这条法线的垂直线，即为曲线 P 点的切线，如图 1-2 所示。

2) 平行线段法。在选择的曲线上作两条平行线 AB 及 CD，连接这两条线段的中点 P、Q，交曲线于 O 点，过 O 点作 AB 与 CD 的平行线 EOF，即为 O 点的切线，如图 1-3 所示。注意：此法仅适用对称图形，如高斯曲线、洛伦兹曲线等。

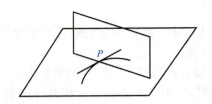

图 1-2　镜像法作切线示意　　图 1-3　平行线段法作切线示意

手工作图难免产生人为的实验误差,可以利用有关软件辅助处理物理化学实验数据,如 Microsoft Excel、Origin、Matlab 等,可以提高数据处理效率和结果的准确性。

3. 方程式法

方程式法就是将实验中各变量的依赖关系用数学方程式或经验方程式的形式表达出来。方程式法的优点是方式简单、关系明确、记录方便,便于进行理论分析和说明,可进行精确的微分、积分和内插值等。建立经验方程式的基本步骤如下:

(1)将实验测定的数据加以整理和校正。

(2)选出自变量和因变量并绘出曲线。

(3)由曲线的形状,根据解析几何的知识,判断曲线类型。

(4)确定公式的形式,将曲线的函数关系变换成直线关系,若不是直线方程,可将经验公式经变量的代换,变为直线方程(表 1-2)。

(5)求出直线的常数建立方程式。

(6)若曲线不能变换成直线关系,可将原函数表示成多项式,多项式项数的多少以结果能表示的精密度在实验误差范围内为准。

表 1-2　一些简单函数用线性方程式表达及转换方法

原方程式	变换方式		线性化后得到的方程式
	$Y=$	$X=$	$Y=mX+B$
$y=ae^{bx}$	$\ln y$	x	$Y=\ln a+bX$
$y=ax^b$	$\lg y$	$\lg x$	$Y=\lg a+bX$
$y=\dfrac{1}{a+bx}$	$\dfrac{1}{y}$	x	$Y=a+bX$
$y=\dfrac{x}{a+bx}$	$\dfrac{x}{y}$	x	$Y=a+bX$

第三节　实验数据的计算机处理
——Excel 和 Origin 的应用

在物理化学实验过程中,大多数数据处理需要作图,有些实验涉及求曲线的斜率、积分、微分、插值等。利用计算机软件处理物理化学实验数据,不仅减少了手工处理数据的麻烦，还提高了实验结果的准确性和实验效率。用于数据分析、图形处理的商业化软件很多，这里简单介绍 Excel、Origin 软件在物理化学实验数据处理、绘图处理中的常用功能。

一、Excel 软件的一般用法

Excel 是应用最为普遍的计算机数据处理软件。因其操作简便和通俗的中文界面，有着广泛的应用基础，实验中常用它进行列表处理数据和一般函数曲线的绘制。但是，在图形绘制、处理功能方面 Excel 不如 Origin 强大、美观。下面介绍 Excel 进行平均值及误差的计算。

利用 Excel 软件可以很方便地计算平均值及误差等，以一组实验数据为例，如图 1-4 所示。

图 1-4　Excel 数据表示意

1. 算术平均值的计算

方法一：在 F2 单元格中输入平均值函数"＝AVERAGE(A2：E2)"，按 Enter 键即可，如图 1-5 所示。该函数括号内符号表示所选定的数值区域为 A 列第二行至 E 列第二行的所有单元格。

图 1-5　算术平均值求算方法一

方法二：用鼠标选定 A2 至 E2 单元格，在主菜单"公式"选项卡下的"自动求和"下拉菜单中选择"平均值"即可得到结果，如图 1-6 所示。

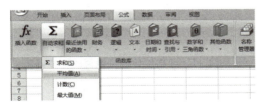

图 1-6　算术平均值求算方法二

方法三：选定单元格 F2，选择工具栏下面的"f_x"按钮，在弹出窗口中选择"AVERAGE"并确定，将弹出图 1-7 所示对话框，默认数据范围为第二行 A～E 的数据，确定即可得到结果。

· 11 ·

图 1-7　算术平均值求算方法三

2. 误差的计算

（1）绝对误差的计算。若要求第 4 个数据 D2 的绝对误差，在 G2 中直接输入"＝ABS（D2－F2）"后按 Enter 键即可，如图 1-8 所示。

图 1-8　Excel 软件计算绝对误差

（2）相对误差的计算。若要求第 4 个数据 D2 的相对误差，在 H2 单元格中直接输入"＝G2/F2"后按 Enter 键即可，如图 1-9 所示。

图 1-9　Excel 软件计算相对误差

（3）测量值的标准偏差。若要计算测量值的标准偏差，在 G2 单元格中直接输入"＝STDEVA(A2：F2)"后按 Enter 键即可，如图 1-10 所示。

"STDEVA"命令也可以通过"f_x"按钮或"公式"选项卡下"统计"子命令调出。

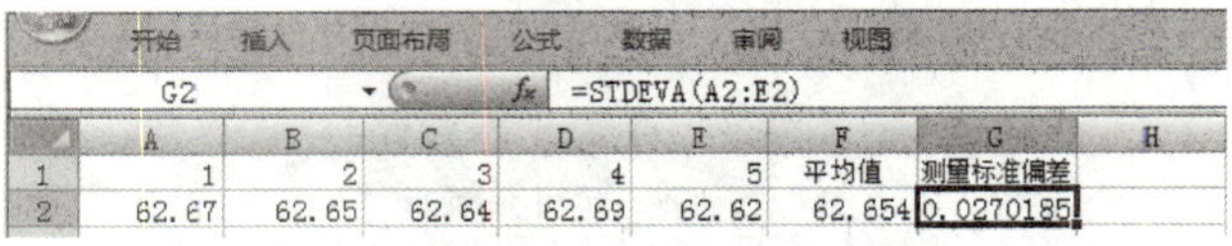

图 1-10　Excel 软件计算测量值的标准偏差

（4）平均值的标准偏差。若要计算平均值的标准偏差，在 H2 单元格中输入"＝G2/POWER(COUNT(A2：E2)，2)"，按 Enter 键即可，如图 1-11 所示。

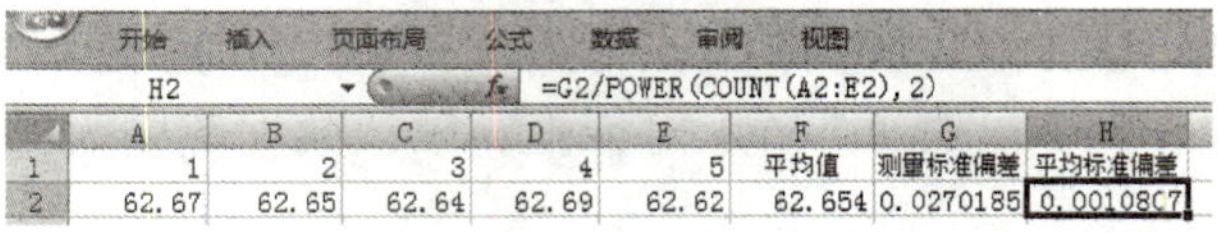

图 1-11　Excel 软件计算平均值的标准偏差

二、Origin 软件的一般用法

Origin 是专业的数据分析和绘图软件。其功能更强大，绘制的图形更规范。下面主要介绍 Origin 软件绘制图形的基本方法。

1. 数据输入

双击 OriginPro 9.0 软件启动图标，进入 Origin 软件运行界面。首先进入的是数据工作表（Worksheet）窗口，图 1-12 所示为该窗口的左上角部分。

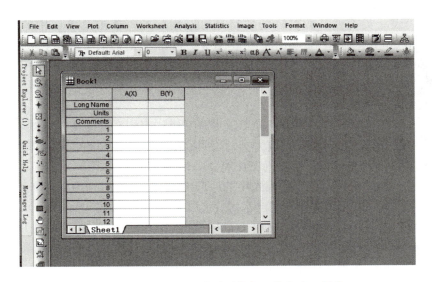

图 1-12　Origin 软件启动后数据工作表窗口部分

数据工作表窗口由最上一排的菜单栏、第二排和第三排的工具栏、左边一列的工具包工具栏及数据表格主体构成。在数据工作表窗口的菜单栏中，既有通用的"File（文件）""Edit（编辑）""View（视图）"等菜单命令，也有"Plot（绘图）""Column（数据列）""Worksheet（工作表）""Statistics（统计）"等该窗口特有的菜单命令。

Origin 的工具栏种类很多，默认显示的工具栏包括标准工具栏、图像工具栏、格式工具栏、样式工具栏、工具包工具栏和 2D 绘图工具栏等，使用者可以根据喜好和需要，通过"View-Toolbars"命令的对话窗口进行增删，工具栏可以放置在工作表格主体的上、下、左、右框之外，用鼠标直接拖动到相应位置即可。

工具栏中有常见的"打开""保存""复制""粘贴"等命令按钮，还有很多 Origin 特有的命令按钮，如果不了解其用途，只要将鼠标移动到某个命令按钮上，就会显示出相关的命令内容。工作表左侧一列是工具包工具栏（Tools Toolbar），可用于单击选择各种类型的对象（如数据、数据列、表格、图线、菜单命令等），该栏的命令在数据处理和绘图时经常被使用。符号 是"点选工具"按钮，是最常用的按钮；符号 是"屏幕读点器"按钮，用来读取屏幕中任意一点的坐标；符号 是"数据读点器"按钮，用来读取所输入的某个数据点的坐标；符号 是"文本工具"按钮，用于在图中增加文本内容；其他按钮的功能包括在图表中插入箭头、弯曲箭头、直线、曲线、各种几何图形及方程等。

Origin 软件的数据输入方法很多,在数据较少时可以采用手动直接输入;如果数据很多,一般采用导入数据的方法。Origin 支持的数据格式包括 Excel 表格、文本数据、ASCII 码和矩阵表等,用菜单栏"复制""粘贴"命令或"导入"按钮均很容易完成数据的输入,已经表格化的数据文件可以直接拖入 Origin 数据表窗口生成数据文件。数字化的测量仪器所获得的数据或曲线通常都能够转换为 Excel 文件(∗.xlsx)或表格化的文本文件(∗.txt),从而被 Origin 软件直接读取。

图 1-12 的中间部分是 Origin 的数据表,自动命名为"Book1",要处理的数据将会输入到这里。数据表的前三行可用来标注变量名称、单位和附注。以下编号的各行就是数据栏,每一列代表一类变量。数据列的数目是可以增加的,单击菜单栏中的"Column"→"Add New Columns"命令,在弹出的"Add New Columns"对话框中填写要增加的列数,单击"OK"按钮即可完成,右击在弹出框中选择"Add New Columns"命令也可以增加一列。在导入数据时,数据列的数目会根据输入数据的格式自动匹配增加,无须预先设定。

2. 图线绘制和修饰

数据输入后可绘制图线,现以蔗糖溶液水解反应测定体系旋光度,绘制不同时间 t 与旋光度差的对数 $\ln(\alpha_t - \alpha_\infty)$ 关系曲线为例,说明 Origin 软件绘制图线的具体过程和图样修饰方法,图 1-13 所示是已输入数据的工作表。

图 1-13 中 A(X)列为测定体系旋光度的时间 t(min),B(Y)列为 t 时刻蔗糖水解体系的旋光度 α_t。实验绘图需计算 α_t 与完全水解旋光度 α_∞ 差值的对数 $\ln(\alpha_t - \alpha_\infty)$,为此在工作表中增加新列。在工作表的空白区域单击鼠标右键,弹出快捷菜单,如图 1-14 所示。执行"Add New Column"菜单命令,在工作表中增加新列;也可以使用"Column"→"Add New Column"菜单命令或单击上方工具栏中 按钮,在工作表中增加新列。新列的绘图属性主要是其数据在绘图时的坐标属性,表示为 X、Y、Z。绘图属性设置方法:在列名称上单击鼠标右键,弹出快捷菜单,如图 1-15 所示,执行"Set As"菜单命令,在其右侧的子菜单中单击所需的菜单项,如"Y"项,这样就将该列设置为"Y"轴数据。也可以执行"Column"→"Set As"→"Y"菜单命令来设置属性。

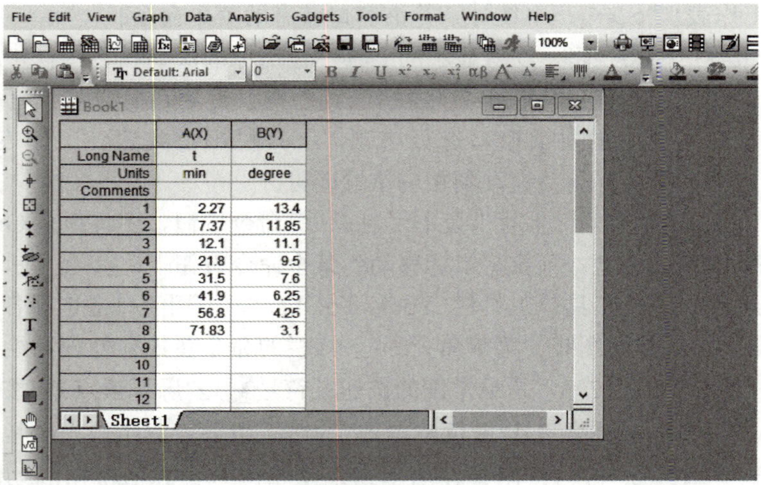

图 1-13 蔗糖溶液旋光度与时间数据工作表

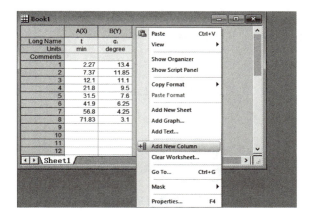

图 1-14　工作表增加新列菜单示意

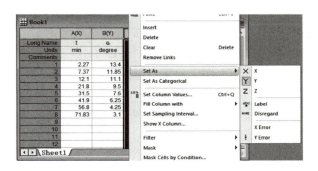

图 1-15　工作表增加新列设置属性菜单示意

新列的数值计算操作方法：在新列 C 列名称上单击选中 C 列，再单击鼠标右键，弹出快捷菜单，如图 1-16 所示。在快捷菜单中单击"Set Column Values…"选项，弹出 Set Column Values"对话框，如图 1-17 所示。如果计算某列中的一段数据，可在"Row[i]：From"输入框和"To"输入框中输入相应的起始和终止行号，或者直接在对话框中输入计算方程，例如，$\ln(\mathrm{Col}(B)-(-4.85))$。在 Origin 中，每一列数据代表一个变量，因此"Col(B)"（B 列数据）就代表变量 α_t。输入完成后，单击图 1-17 中右侧对话框的"OK"按钮，得到 $\ln(\alpha_t-\alpha_\infty)$ 数据（C 列）。

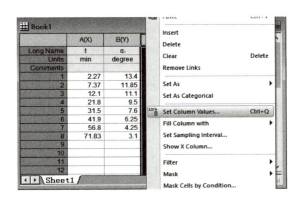

图 1-16　工作表增加新列数值计算快捷菜单示意

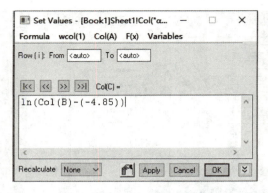

图 1-17　工作表增加新列数值计算菜单对话框

现在以 $\ln(\alpha_t-\alpha_\infty)$ 对 t 作图，即以 A 列为 X 轴，C 列为 Y 轴，选中 A、C 两列，单击窗口下方"2D Graphs"工具栏中的 按钮，弹出"Graph1"窗口，如图 1-18 所示。 按钮是用来绘制符号连线图（Line+Symbol）的， 按钮是用来绘制散点图（Scatter）的，如果数据点十分密集，则可用 按钮绘制线图（Line）。以上这三种绘图方式是最常见的，此外，"2D Graphs"工具栏中还有直方图、饼图等绘图按钮，可根据需要选用。

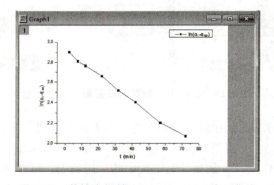

图 1-18　蔗糖水解的 $\ln(\alpha_t-\alpha_\infty)-t$ 关系曲线

图 1-18 中曲线是由相邻两点之间的连线拼接起来的，看上去比较生硬，可以用 Origin 对其进行修饰。双击曲线，弹出曲线明细对话框，如图 1-19 所示。

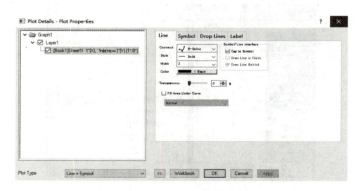

图 1-19　曲线明细对话框

图 1-19 中左边框是曲线的来源信息，Origin 软件按照"图(Graph)—图层(Layer)—曲线"的层次对各条曲线进行分类，图示信息表明该条曲线属于图 1-18 的第 1 图层，数据来自工作数据表的"t"栏和"$\ln(\alpha_t-\alpha_\infty)$"栏，该对话框左下角的"Plot Type"下拉菜单可以选择曲线类型，如折线图、柱状图等。右边框中最上边四个标签，分别可以修饰曲线形状、数据点符号、添加网格线和标签。

执行"Line"菜单命令，线型修饰有相邻数据点连接方式(Connect)、曲线形态(Style)、线宽(Width)和颜色(Color)四个主要选项。

修饰曲线连接方式时，下拉"Connect"菜单，显示出一系列相邻数据点连接方式，如无连接线(NoLine)、直线(Straight)、两点一线段(2 PointSegment)、B 样条函数(B-Spline)、贝塞尔曲线(Bezier)等。其中软件默认的连接方式"Straight"，是将相邻数据点用直线连接，即所谓的折线图；一般绘图时应将曲线做平滑处理，可以选择"B-Spline""Spline"或"Bezier"的连接方式，对数据点做 B 样条函数处理、样条函数处理或贝塞尔函数处理，使曲线分段(片)光滑，并且在各段交接处也有一定的光滑性。

修饰曲线形态时，下拉"Style"菜单，显示出一系列曲线的形态，可选择实线、虚线、点线、点画线等；下拉"Width"菜单，可以选择线条的宽度；下拉"Color"菜单，可以选择曲线的颜色。

执行"Symbol"菜单命令，在命令框中可以选择表示数据点的符号、大小和颜色。

以图 1-18 曲线的修饰为例，选择"B-spline"平滑方式、"Solid"实线、线宽 2.0、黑色、数据点为 9 黑色正三角，单击"OK"按钮得到平滑、清晰的图形，如图 1-20 所示。

接下来对坐标轴进行修饰，以 X 坐标为例，双击 X 轴弹出"X Axis—Layer"对话框，如图 1-21 所示。该对话框中共有 7 个选项卡，常用的选项卡为"Scale"和"Title& Format"。

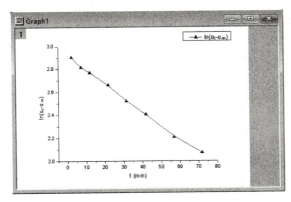

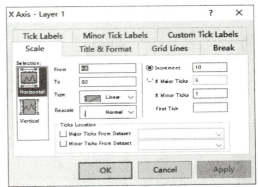

图 1-20 修饰后的溶液 A-C 关系曲线图　　　图 1-21　X 轴修饰对话框"Scale"选项卡

"Scale"选项卡是用来确定坐标轴的数值范围(From，To)、标尺的大小分度(Increment，Major/Minor Tick)和坐标类型(Type)的。坐标类型一般选择"线性(Linear)"，这是 Origin 默认的坐标类型。其他类型包括对数坐标、自然对数坐标等。

"Title& Fromat"选项卡是用来确定坐标轴名称及格式的，如图 1-22 所示。该选项卡默认显示的坐标轴为 Bottom 和 Left 两个轴，若要显示 Top 和 Right 轴，应首先在上方的"Selection"选项框中选定该轴，然后进行相应设置。接下来的部分可以设定 X 轴的名称、颜色、线宽、主刻度长度等。右边的"Major"和"Minor"可以下拉菜单选择主、次刻度的方向。默认为指向图外（out）。刻度线可以向内、向外、里外都有或没有刻度线。"Axis"下拉菜单可以更改 X 轴的位置。

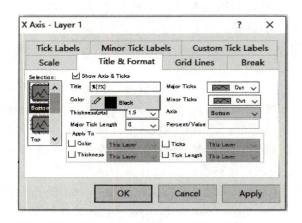

图 1-22　X 轴修饰对话框"Title& Fromat"选项卡

其他选项卡可以对诸如字体、分度、坐标轴等进行修饰，在此不再赘述。Y 轴的修饰方法与 X 轴相同。X、Y 轴的名称可以直接双击曲线图上的对应项目进行修改。Origin 能够输入中文字符和特殊符号，如果输入中文出现乱码，可以在工具栏中通过修改字体解决。

按上述方法对图 1-20 的曲线图进行各种修饰，包括 X、Y 轴的范围调整和分度线设定，X 轴、Y 轴中文名称及符号单位标示，字体选择和大小调整等，最终得到标识规范的数据曲线图（图 1-23），其各项规格和形式均符合正式出版的要求。

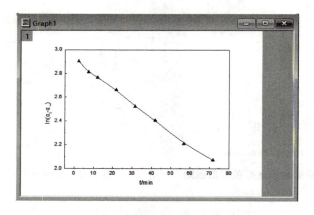

图 1-23　修饰后的溶液 A-C 关系曲线

3. 线性拟合

线性拟合也叫作线性回归，是数据分析中常用的方法。如果实验数据间存在线性关系，则 Origin 提供了非常直观方便的线性拟合方法，如对图 1-18 中的数据进行直线拟合。选中 A、C 两列，单击下方"2D Grape"工具栏上的 按钮，绘制散点图，如图 1-24 所示。

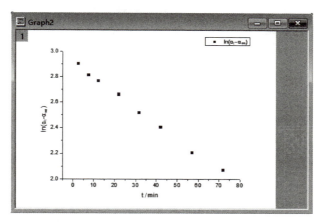

图 1-24　Origin 软件绘制散点图

由图 1-24 可以看出，蔗糖溶液旋光度差的对数 $\ln(\alpha_t-\alpha_\infty)$ 与时间 t 之间近似为线性关系。执行"Analysis"→"Fitting"→"Linear Fit"→"Open Dialog…"命令，弹出"线性拟合"对话框，选择默认参数即可，单击"OK"按钮后，拟合直线如图 1-25 所示。图中表格给出了该直线回归方程的部分参数（该表若不需要可删除），拟合结果在"Book1"界面数据表下方的新增页面中有详细内容。

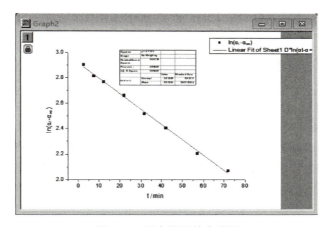

图 1-25　拟合得到的直线图

图 1-25 中的直线即为拟合直线，同时在原有的数据工作表"Sheet1"之外，还新增了两个数据工作表："FitLinear1"（图 1-26）和"FitLinearCurve1"，"FitLinear1"详细列出了各项拟合计算量的数值，可以看出本次线性拟合的质量很好，皮尔森相关系数和调整决定系数分别达到 $-0.998\,57$ 和 $0.996\,67$，拟合参数截距和斜率分别为 $2.915\,09$ 和 $-0.012\,04$，F 检验概率（Prob＞F）为 $7.283\,47\times10^{-9}$，小于 0.05，处于 95% 置信水平以上，说明该蔗糖溶液旋光度差的对数 $\ln(\alpha_t-\alpha_\infty)$ 与时间 t 之间存在良好的线性关系，其线性拟合方程可以表达为 $\ln(\alpha_t-\alpha_\infty)=2.915-0.012\,04t$。"FitLinear1"页列出了大量根据拟合方程计算的 $\ln(\alpha_t-\alpha_\infty)$-时间 t 数据序列。将拟合线按前面所述进行修饰即可得到完成图。

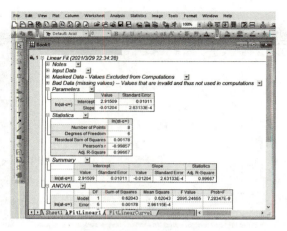

图 1-26　线性拟合结果的"FitLinear1"数据表

4. 非线性曲线拟合

多数实验数据之间都是非线性关系，或者无法变成线性，这时需要考虑非线性拟合。在"Analysis"菜单中提供了许多拟合函数，如多项式拟合（Polynomial Fit）、非线性曲线拟合（Nonlinear Curve Fit）、非线性曲面拟合（Nonlinear Surface Fit）、模拟曲线（Simulate Curve）、模拟曲面（Simulate Surface）、指数拟合（Exponential Fit）、S 形函数形拟合（Sigmoidal Fit）等。

在"Analysis"菜单中的"Non-linear Curve Fit"选项提供了许多拟合函数的公式和图形，用户还可以自定义函数。

处理数据时，可根据数据图形的形状和趋势选择合适的函数和参数，以达到最佳拟合效果。其中，多项式拟合适用无明确函数关系的数据，Origin 提供从二次项到九次项的各类多项式，根据误差最小原则选取合适的多项式进行拟合，一般都可以得到满意的结果。

此外，Origin 还自带几十种常见的非线性函数，执行"Analysis"→"Fitting"→"Nonlinear Curve Fit"命令，弹出"非线性拟合"对话框，如图 1-27 所示。可以看到在基本函数类"Function"中包含了 20 多个常用函数，这样的函数类有十几个，可以根据理论模型进行选择，在单击"Fit"按钮或"Done"按钮后，拟合得到相应的参数。

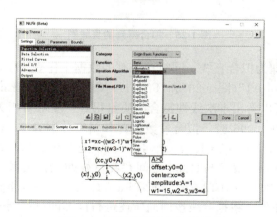

图 1-27　"非线性拟合"对话框

例如，对最大气泡法测定溶液的表面张力的实验数据，进行非线性拟合及求算各点的微分值。以“溶液浓度 c”为 X 坐标（A 列），“压力差 Δp_m”为 Y 坐标（B 列），在“Book1”的窗口分别输入数据。

单击工具栏中的 按钮添加新的一列（C 列）。选定 C 列，单击鼠标右键，在下拉菜单中选择“Set column values”，弹出“Set Values”对话框，在文本框中输入“Col(B) * 9.779 × 10^{-5}”，将 B 列的数值乘以仪器常数 $K(9.779\times10^{-5})$。然后单击“OK”按钮，计算的表面张力 γ 值即输入 C 列，如图 1-28 所示。

	A(X)	B(Y)	C(Y)
Long Name	c	Δpm	γ
Units	mol L⁻¹	Pa	N m⁻¹
Comments			
1	0	747	0.07305
2	0.02	702	0.06865
3	0.05	635	0.0621
4	0.1	560	0.05476
5	0.15	517	0.05056
6	0.2	478	0.04674
7	0.25	449	0.04391
8	0.3	428	0.04185
9	0.35	402	0.03931
10			
11			
12			
13			
14			

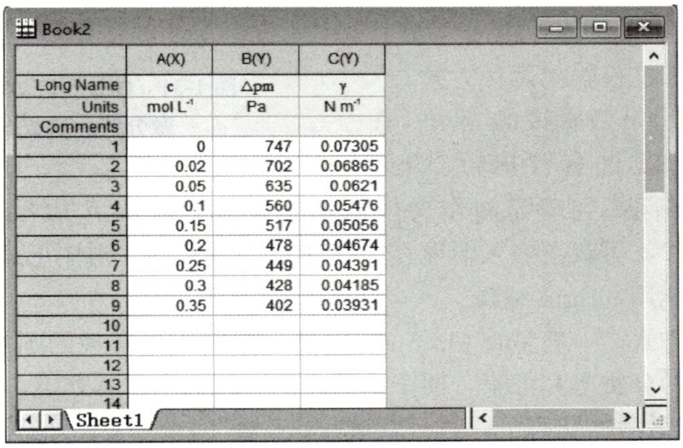

图 1-28　正丁醇溶液浓度、最大压差和表面张力数据表

选定 A(X)、C(Y) 两列，单击工具栏中的 按钮或在“Plot”菜单中执行“Symbol”→“Scatter”命令作散点图。然后进行一阶指数衰减式拟合：在“Analysis”下拉菜单执行“Fitting”→“ExponentialFit”→“Open Dialog”命令，弹出“NLFit”对话框，如图 1-29 所示。在函数选择下拉菜单“Function”中选择拟合函数“Exponential”，单击“Fit”按钮，即得到 $\gamma - c$ 的拟合曲线，如图 1-30 所示。

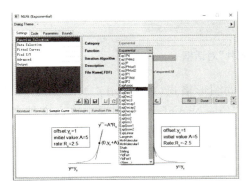

图 1-29　由散点图选取拟合函数的“NLFit”对话框

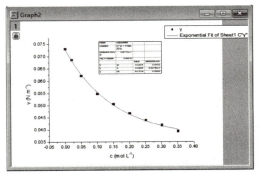

图 1-30　正丁醇溶液表面张力与浓度之间关系的拟合曲线

在非线性拟合结果中，各统计参数及误差的含义与线性拟合相一致。

Origin 还可以对曲线上各点计算微分值。在“Analysis”菜单下，执行 Origin 工具栏中

的"Mathematics"→"Differentiate"命令，弹出"Mathematics：differentiate"求导对话框，单击"OK"按钮，Origin 将自动计算出拟合曲线各点的微分值，并存放于 Book1 工作表的最后一列"D(Y)"(Derivative)，即为($d\sigma/dc$)值，如图 1-31 所示。

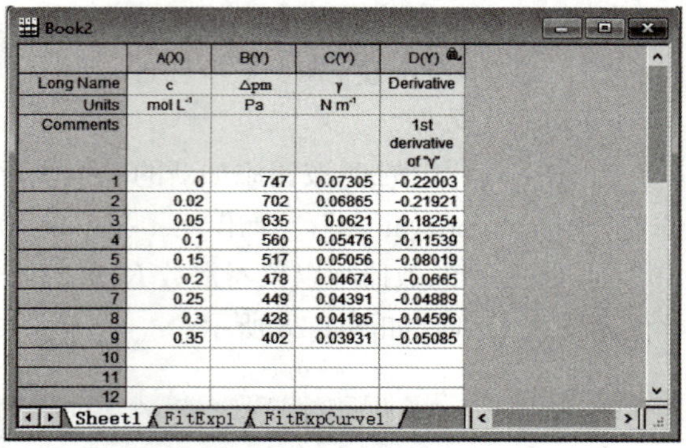

5. 图形输出

在 Origin 绘制的图形常需要输出到 Word 或 PowerPoint 等文件，输出主要采用剪切板输出和图形文件输出两种方式。

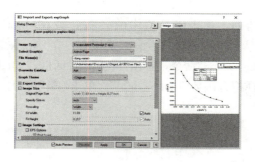

图 1-31 Origin 自动计算曲线各点微分值后的数据工作表

通过剪切板输出是最直接的方法。在图形窗口状态下，通过右键执行"Copy Page"命令，然后"粘贴"到所需制作文件的指定位置。默认情况下，"粘贴"命令会将 Origin 对象嵌入文件，可双击嵌入图形直接打开 Origin 程序，对图形进行编辑，也可选择只粘贴图形，但不能用 Origin 编辑。

图形文件输出方式，一般是将 Origin 的图形文件输出为常规的图片，如 jpg、if、eps 等格式，保证图形的分辨率和像素，便于出版印刷。其输出步骤如下：

(1) 在图形窗口激活的状态下，执行菜单"File"→"Export Graphs"命令，打开"Import and Export：expGraph"对话框，如图 1-32 所示。

图 1-32 "输出图片"对话框

(2) 在"Image Type"下拉菜单中选择拟保存的图形格式(如 *.gif、*.wmf、*.bmp 等)；在"Path"输入框中设定文件保存位置；在"File Name(s)"输入框中输入文件名。单击"Image Size"前的"＋"号展开其子选项，设定输出图形的单位、尺寸等参数。单击"Image Settings"前的"＋"号展开其子选项，设定输出图形的分辨率、颜色数等。

(3) 单击"OK"按钮即可输出图形文件。在 Word、PowerPoint 等软件中，可使用"插入"→"图片"命令将输出的图形插入指定文档。

6. 数据统计和提取

(1) 列数据统计。在 Origin 9.0 的菜单中主要使用"Statistics"工具栏，单击进入，弹出下拉菜单，选择"Descriptive Statistics"描述统计学，下拉菜单选择"Statistics on Columns"统计列，继续下拉菜单选择"Open Dialog"后弹出对话框，直接单击"OK"按钮，统计的相关结果在"Book1"数据表下方的新增页面"DescStatsOnCols1"中，如图 1-33 所示。"数据统计"窗口中给出了选定列数据的各项统计参数，包括数据组数 N、平均值（Mean）、标准偏差（Standard Deviation，SD）、总和（Sum）、最小值（Minimum）、中位数（Median），以及最大值（Maximum）。

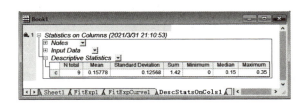

图 1-33　列数据统计结果的"Statistics on Columns"输出对话框

（2）行数据统计。执行"Statistics"菜单中的"Descriptive Statistics"→"Statistics on Rows"命令，弹出对话框，直接单击"OK"按钮，便可以对行数据进行统计，只是统计结果直接附在原工作表右边，不新建窗口。

（3）数据提取。选取"Analysis"菜单中的"Extract Worksheet Date"选项，弹出"Extract Worksheet Date"对话框，对话框里输入筛选数据的条件表达式。默认的表达式为"Col（B）＞0"，即将 B 列大于"0"的数据筛选出来，并放入名为"Data11"的工作表中。另外，还可以在"Analysis"菜单下对数据排序（Sort）、快速傅里叶变换（FFT）、多重回归（Multiple regression）等，依据需要选用。

使用 Origin 软件处理化学实验数据，所得图形美观，可准确地反映实验数据变化规律，提高效率和客观性。

第四节　物理化学实验室的安全常识

一、物理化学实验室基本安全原则

物理化学实验会涉及各种类型的危险和危害，每个在实验室进行实验的人员都要时刻警惕可能出现的安全问题，安全问题是第一位的。一般在实验室内、外明显位置都张贴有安全信息牌和安全警示标识，在开始实验工作之前都应仔细阅读。如果意识到实验过程中潜在的危险，自我保护的本能会帮助我们找到避免的方法。严重的危险常常来自对潜在问题的忽视或健忘。以下列出物理化学实验室的基本安全原则。

（1）确定潜在的危险、危害，并在实验开始前确认合适的安全操作程序。

（2）了解灭火器、警报器、急救包、应急喷淋和洗眼装置、应急电话号码、紧急出口等各种安全应急设施的位置和正确使用方法。

（3）对发现的不安全情况及时提醒，他人的事故同样可能对所有人造成损害。

(4)插入电源插头前要仔细检查电气设备，改变电气设备连接之前应拔掉插头。
(5)不要在实验室内饮食，不要用嘴把化学药品吸进吸量管或移液管。
(6)进入实验室要穿好实验服，佩戴护目镜或适当的眼部防护用品。
(7)遵守实验室废弃物处置程序，严禁将废弃物直接倒入下水道或生活垃圾桶。
(8)以下人员不得进入实验室工作：披肩长发者、穿裙子、短裤者、穿拖鞋、凉鞋者。
(9)尽量不要独自一人在实验室做实验。
(10)使用玻璃真空系统时，要注意由于气体过压可能发生的爆炸。

二、安全用电常识

物理化学实验室使用大量的电器设备和仪表，要注意用电安全，以免造成仪器损坏、火灾和人身伤亡等严重事故。为了保障安全，要遵守安全用电规则。

1. 安全用电规则

(1)操作电器时，手必须干燥。手不得直接接触绝缘不好的通电设备。
(2)一切电源的裸露部分应有绝缘装置(电开关应有绝缘匣，电线接头或绝缘不良的电线应及时更换)。已损坏的接头或绝缘不良的电线应及时更换。
(3)实验室供电总功率应能满足室内同时用电负载的总功率并留有适当余地，电气设备接地要良好，大型精密仪器、大功率设备应设置单独控制开关。
(4)高温电热设备，如高温炉、电炉等一定要放置在隔热的水泥台上，不可直接放在木质等可燃材质的工作台上。
(5)电器设备应放在没有易燃、易爆性气体和粉尘及有良好通风条件的专门房间内。
(6)电气设备接通后不可长时间无人看管，要有人值守、巡视、检查。
(7)不要在温度范围的最高限值处长时间使用电器设备。
(8)如果加热用电阻丝已坏，更换的新电阻丝一定要和原来的功率一致。
(9)电热烘箱一般用来烘干玻璃仪器和加热过程中不分解、无腐蚀性的试剂或样品。挥发性易燃物或刚用乙醇、丙酮淋洗过的样品、仪器等不可放入烘箱加热，以免发生着火或爆炸。电烘箱门关好即可，不能上锁。
(10)修理或安装电器设备时，必须先切断电源。

2. 触电的急救

(1)一旦发现有人触电，应立即拉下电闸切断电源，或快速用不导电的竹竿、木棍等将导电体与触电者分离，在未切断电源或触电者未脱离电源前，万不可触摸触电者，避免救人心切而忘了自身安全。
(2)对呼吸停止而尚有心跳者，应立即进行口对口的人工呼吸；对心跳停止而尚有呼吸者，应立即做胸外心脏按压，直至呼吸和心跳恢复为止。
(3)脱离电源后，立即将触电者转移到就近的通风而干燥的场所并迅速检查受伤情况，避免手忙脚乱，避免围观。在就地抢救的同时，应尽快拨打急救电话求援。

三、化学药品的安全防护

大多数化学药品和试剂都具有不同程度的毒性，应尽量防止化学药品以任何方式进入人体。尽量采用低毒试剂代替高毒试剂、无毒试剂代替有毒试剂，减少毒性大的药品的使用。

1. 防毒

大多数化学药品都具有不同程度的毒性。毒物可以通过呼吸道、消化道和皮肤进入人体。因此，防毒的关键是要尽量地杜绝和减少毒物进入人体。

(1)实验前要了解所用药品的毒性和防护措施。毒物要装入密封容器，贴好标签。

(2)操作有毒气体(如 H_2S、Cl_2、Br_2、浓盐酸、氢氟酸等)应在通风橱中进行。

(3)防止煤气管、煤气灯漏气，使用完煤气后一定要把煤气闸关好。

(4)苯、四氯化碳、乙醚、硝基苯等的蒸气会引起中毒，虽然它们都有特殊气味，但在久吸后会使人嗅觉减弱，必须高度警惕。

(5)用移液管移取有毒、有腐蚀性液体时(如苯、洗液等)严禁用嘴吸。

(6)有些药品(如苯、有机溶剂、汞)能穿过皮肤进入体内，应避免直接接触。

(7)高汞盐[$HgCl_2$、$Hg(NO_3)_2$ 等]，可溶性钡盐($BaCO_3$、$BaCl_2$)，重金属盐(镉盐、铅盐)以及氰化物、三氧化二砷等剧毒物，应妥善保管。

(8)不得在实验室内喝水、抽烟、吃东西。离开实验室时要洗净双手。

(9)特别有害物质，通常多为积累毒性的物质，连续长时间使用时，必须十分注意。

2. 防爆

可燃性气体和空气的混合物，当两者的比例处于爆炸极限时，只要有一个适当的热源诱发，将引起爆炸。因此，应尽量防止可燃性气体散失到室内空气中，同时保持室内通风良好，不使它们形成引起爆炸的混合气体。在操作大量可燃性气体时，应严禁使用明火，严禁用可能产生电火花的电器及防止铁器撞击产生火花等。某些气体的爆炸极限见表 1-3。

表 1-3　与空气相混合的某些气体的爆炸极限(20 ℃，101 325 Pa)

气体	爆炸高限(体积)/%	爆炸底限(体积)/%	气体	爆炸高限(体积)/%	爆炸底限(体积)/%
氢	74.2	4.0	醋酸	—	4.1
乙烯	28.6	2.8	乙酸乙酯	11.4	2.2
乙炔	80.0	2.5	一氧化碳	74.2	12.5
苯	6.8	1.4	水煤气	72	7.0
乙醇	19.0	3.3	煤气	32	5.3
乙醚	36.5	1.9	氨	27.0	15.5
丙酮	12.8	2.6			

另外，有些化学药品如叠氮铅、乙炔银、乙炔铜、高氯酸盐、过氧化物等受到震动或受热容易引起爆炸，特别应防止强氧化剂与强还原剂存放在一起，久藏的乙醚使用前需设法除去其中可能产生的过氧化物。在操作可能发生爆炸的实验时，应有防爆措施。

3. 防火

物质燃烧需具备三个条件：可燃物质、氧气或氧化剂及一定的温度。许多有机溶剂，像乙醚、丙酮、乙醇、苯、二硫化碳等很容易引起燃烧，使用这类有机溶剂时，室内不应有明火(以及电火花、静电放电等)，这类药品实验室不可存放过多，用后要及时回收处理，切不要倒入下水道，以免积聚引起火灾等；还有些物质能自燃，如黄磷在空气中就能因氧化，自行升温燃烧起来。一些金属，如铁、锌、铝等的粉末由于比表面很大，能激烈地进行氧化，自行燃烧。金属钠、钾、电石及金属的氧化物、烷基化合物等也应注意存放和使用。

一旦着火，应冷静判断情况采取措施。可采取隔绝氧的供应、降低燃烧物质的温度、将可燃物质与火焰隔离的办法。常用来灭火的有水、砂以及 CO_2 灭火器、CCl_4 灭火器、泡沫灭火器、干粉灭火器等，可根据着火原因、场所情况选用。

4. 防灼伤

强酸、强碱、强氧化剂、溴、磷、钠、钾、苯酚、冰醋酸等都会腐蚀皮肤，尤其应防止其溅入眼内。液氮等低温也会严重灼伤皮肤，一旦受伤要及时治疗。

5. 防水

有时因故停水而水阀门没有关闭，当来水后如果实验室没有人，若遇到排水不畅，则会发生事故。如淋湿甚至浸泡仪器设备，有些试剂（如金属钠、钾、金属氢化物、电石等）遇水还会发生燃烧、爆炸等。因此，离开实验室前应检查水、电、煤气开关是否关好。

四、汞的安全使用

在常温下汞逸出蒸气，吸入体内会使人受到严重毒害，一般汞中毒可分为急性与慢性两种。急性中毒多由高汞盐入口而得（如吞入 $HgCl_2$），一般吞入 0.1～0.3 g 即可致死。由汞蒸气而引起的慢性中毒，其症状为食欲不振、恶心、大便秘结、贫血、骨骼和关节疼痛、神经系统衰弱等。所以必须严格遵守下列安全用汞的操作规定：

(1) 汞不能直接露于空气中。装汞的容器应在汞面上加水或用其他液体覆盖。

(2) 一切倒汞操作，无论量多少，一律在浅瓷盘上进行（盘中装水），在倾去汞上的水时，应先在瓷盘上把水倒入烧杯，然后由烧杯倒入水槽。

(3) 储存汞的容器必须是结实的厚壁玻璃或瓷器，以免由于汞本身的重量而使容器破裂。如果用烧杯盛汞，不得超过 30 mL。

(4) 一旦有汞落在地上、桌上或水槽等地方，应尽可能地用吸汞管将汞珠收集起来，再用能形成汞齐的金属片（如 Zn、Cu）在汞溅落处扫过，最后用硫黄粉覆盖在有汞溅落的地方，并进行摩擦，使汞变成 HgS；也可用 $KMnO_4$ 溶液使汞氧化。

(5) 擦过汞的滤纸或布块必须放在有水的瓷缸内。

(6) 装有汞的仪器应避免受热。汞应放在远离热源的地方，严禁将有汞器具放入烘箱。

(7) 用汞的实验室应有良好的通风设备，并最好与其他实验室分开，经常通风排气。

(8) 手上有伤口，切勿触碰汞。

五、废弃物的安全处理

为防止实验室废弃物对环境造成污染，必须对其进行妥善处理。试剂用完后的包装瓶，实验用过的吸水纸、滤纸等固体废弃物放置在纸箱等容器中；废弃的药品等单独放置在纸箱中；损坏的玻璃器皿等尖锐物单独存放；实验产生的废液倒入专用废液桶中并贴好标签，注明主要成分、废弃物名称等信息，便于统一分类处理，并置于安全地点进行保存。

第二章 化学热力学实验

实验一 燃烧热的测定

一、实验目的

(1) 明确燃烧热的定义，了解恒压燃烧热和恒容燃烧热的差别及相互关系。
(2) 通过对萘燃烧热的测定，了解氧弹式量热计的原理、构造及使用方法。
(3) 明确温度测量值进行雷诺校正的原因，学会雷诺图解法校正温度改变值。

二、实验原理

摩尔燃烧热是指定在一定温度下，1 mol 可燃物质完全燃烧成相同温度下的指定产物的热效应。"完全燃烧"是指可燃物质中各元素均变为指定相态的产物，如 C、H、S、N 元素分别氧化为 $CO_2(g)$、$H_2O(l)$、$SO_2(g)$ 和 $N_2(g)$。

摩尔燃烧热分为恒容摩尔燃烧热 $Q_{V,m}$ 和恒压摩尔燃烧热 $Q_{p,m}$。恒容摩尔燃烧热 $Q_{V,m}$ 是在非体积功 $W'=0$，恒容条件下测定的燃烧热。恒压摩尔燃烧热 $Q_{p,m}$ 是在非体积功 $W'=0$，恒压条件下测定的燃烧热。两者关系式为

$$Q_{p,m} = Q_{V,m} + \sum \nu_B(g) RT \tag{2-1}$$

式中，$\sum \nu_B(g)$ 为产物与反应物中气体物质的计量数之和；R 为摩尔气体常数[J/(mol·K)]；T 为燃烧反应的热力学温度(K)，通常是指实验中燃烧前水的温度。

本实验测萘的燃烧热，其燃烧反应为

$$C_{10}H_8(s) + 12O_2(g) = 10CO_2(g) + 4H_2O(l)$$

其中，$\sum \nu_B(g) = -2$ mol。通过实验测得 $Q_{V,m}$ 值，根据式(2-1)就可以算出 $Q_{p,m}$，即燃烧焓的值 $\Delta_r H_m$。测定热效应的仪器称作量热计，量热计的种类很多，本实验用环境恒温式氧弹量热计进行测定，图 2-1 和图 2-2 分别是环境恒温式氧弹量热计和氧弹的结构示意图。

氧弹量热计测量的基本原理是能量守恒定律，测定的是可燃物质的恒容摩尔燃烧热。在盛有一定量水的不锈钢容器中，放入装有一定量样品并充以高压纯氧的密闭氧弹，使样品完全燃烧(部分点火丝也完全燃烧)，放出的热量使氧弹本身、周围介质水及附件的温度升高，测定燃烧前后氧弹量热计(包括氧弹周围介质)温度的变化值，即可求算该样品的恒容摩尔燃烧热，计算关系式如下：

$$-\frac{m_{样}}{M}Q_{V,m}-q_{点}m_{点}=C(T_2-T_1) \tag{2-2}$$

式中，$m_{样}$ 为样品的质量(g)，M 为样品的摩尔质量(g/mol)，$Q_{V,m}$ 为样品的恒容摩尔燃烧热(J/mol)，$q_{点}$ 为点火丝的燃烧热，$m_{点}$ 为点火丝的质量(g)，T_1、T_2 分别为燃烧前后水的温度；C 为量热计(包括内水筒、氧弹、测温器件、搅拌器和水)的热容(J/K)。

量热计的热容表示量热计(包括介质)每升高一度所需要吸收的热量。热容 C 一般可用已知燃烧热的标准物(如本实验中用苯甲酸)放在量热计中燃烧，测定其始末温度，按式(2-2)求仪器的热容。在已知量热计的热容后，就可以通过式(2-2)，采用同样的方法测量其他物质的摩尔燃烧热。

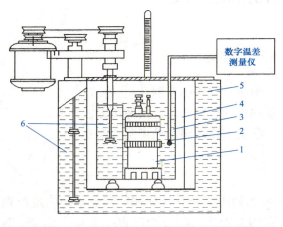

图 2-1　环境恒温式氧弹量热计结构

1—氧弹；2—数字温度计；3—内筒；
4—空气夹层；5—外筒；6—搅拌器

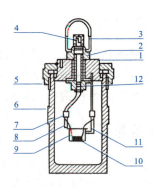

图 2-2　氧弹结构示意

1—弹筒盖；2—弹顶螺母；3—拉环；4—气阀柄；
5—弹筒螺母；6—氧弹弹筒；7—导电套环；8—电极；
9—燃烧丝；10—燃烧皿；11—燃烧皿架；12—气阀

量热实验成功的关键，首先在于样品必须完全燃烧。其次，必须使燃烧后放出的热量不散失，尽可能全部传递给量热计本身和其中盛放的水，而几乎不与周围环境发生交换。为此，环境恒温量热计在设计制造上采取了以下措施：

(1) 在量热计外面设计恒温的套壳；

(2) 由不锈钢制成的量热计内、外筒器壁高度抛光，以减少热辐射；

(3) 量热计和套壳间设置一层挡屏，以减少空气对流。

即使如此，热量的散失仍然无法完全避免。由图 2-1 可见，环境恒温量热计的最外层是储满水的外筒，实验整个过程中，量热计的内筒(系统)与恒温用的外筒(环境)之间存在温差，不可避免地存在相互的热辐射，对量热系统的温度变化值产生影响。因此，燃烧前后温度的变化不能直接准确测量，需要测定燃烧前、后不同时间的温度数据，作出温度-时间曲线(雷诺曲线)，通过雷诺图解法对燃烧前后温度的变化值进行校正。校正方法如下：

称适量待测物质，使燃烧后水温升高 1.5 ℃～2.0 ℃。预先调节水温低于室温 0.5 ℃～1.0 ℃，然后将燃烧前后所测的水温对时间作图，连成 abcd 曲线，如图 2-3 所示。图中，b 点相当于开始燃烧时的初始温度，c 点为观测到的最高点的温度读数，由于量热计和外界的热交换，曲线 ab 及 cd 常发生倾斜。取 b 点所对应的温度 T_1，c 点对应的

温度 T_2,其平均温度 $T=(T_1+T_2)/2$,经过 T 点作横坐标的平行线 TO,与曲线 $abcd$ 相交于 O 点,然后过 O 点作 TO 的垂线 AB,此线与 ab 线和 cd 线的延长线交于 E、F 两点,E 点与 F 点所表示的温度差即为欲求温度的升高 ΔT,即 $\Delta T=T_F-T_E$。图中,EE' 为开始燃烧到温度上升至环境温度这一段时间,由环境辐射和搅拌引起的能量造成体系温度的升高,这部分必须扣除;而 FF' 为温度由环境温度升高到最高点 c 这一段时间内,量热计向环境辐射出能量而造成体系温度的降低,因此这部分必须加入。经过这样校正后的温度,较客观地表示了样品燃烧后量热计温度升高的数值。

若量热计的绝热情况良好,热量散失少,而搅拌器的功率偏大,搅拌时不断引进少量热量,会使得燃烧后量热系统的温度最高点不出现,如图 2-4 所示,这时 ΔT 仍然可以按照相同原理进行校正。

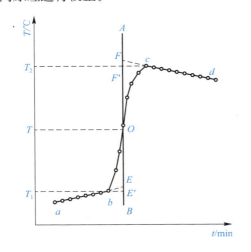

图 2-3　绝热较差时的雷诺校正图　　　　图 2-4　绝热良好时的雷诺校正图

三、仪器和试剂

(1)仪器:SWC-ⅡD 精密数字温度温差仪、SHR-15 恒温式量热计、氧气钢瓶 1 个、带减压阀的充氧器 1 套、压片机 1 套、数字贝克曼温度计 1 台、分析天平 1 台、活扳手 1 只、不锈钢镊子 1 支、万用表 1 只、1 000 mL 和 250 mL 容量瓶各 1 只。

(2)试剂:苯甲酸(分析纯)、萘(分析纯)、点火丝(镍丝)。

四、实验步骤

1. 仪器热容的测定

测定燃烧焓要用仪器的热容,但每套仪器的热容都不同,需要先测定。

(1)样品压片。从压片机上取下钢模,先检查压片用钢模,用蒸馏水洗净,电吹风吹干,备用。粗称 0.8~1.0 g 事先干燥的苯甲酸,倒入压模,将压模置于压片机上,向下转动旋柄,缓缓加压试样使其呈片状,压力须适中,压力过大时压片太紧而不易燃烧;压力过小时压片太松而易碎,又易炸裂残失,使其不能完全燃烧,这是本实验成功的关键步骤之一。然后,向上转动旋柄,抽出模底托板,在压模下放一张称量纸,将压片从压模中压出，除去压片表面的碎屑，在电子天平上准确称重至 0.1 mg，将其放入燃烧皿。

（2）氧弹装样。旋开氧弹，把氧弹的弹头盖放在弹头架上，将样品压片放入燃烧皿内，把坩埚放在燃烧架上。截取一段长 15 cm 的点火丝，将点火丝中间绕成小圈状，点火丝两端分别紧绕在电极（图 2-2）的卡槽内，点燃小圈与压片表面紧密接触。

注意：点火丝不能与燃烧皿相接触。

在氧弹杯中注入 10 mL 蒸馏水，将弹头盖放在弹体上，将其旋紧。用万用表检查电极是否为通路，两电极间的电阻值一般不大于 20 Ω，是通路则准备充氧。

（3）氧弹充氧。使用高压钢瓶必须严格遵守操作规则，使用及注意项参阅本书第七章第二节。将充氧器的出气口与弹头盖上的进气口对接。先将减压阀关闭（逆时针旋松），再打开氧气钢瓶的总阀门（逆时针旋转），缓慢打开减压阀（顺时针旋紧），先充入少量氧气（约 0.5 MPa），然后将氧弹中的氧气放掉，借以赶出氧弹中的空气，再向氧弹中充入约 2 MPa 的氧气，充气约 1min。充好氧气，再次用万用表检查电极是否为通路。

（4）调节水温。将量热计外筒内注满水，用手动搅拌器稍加搅动。打开精密数字温度温差仪的电源，将传感器插入加水口测其温度，待温度稳定后，将温差仪"采零"。再另取适量自来水，测其温度，若温度偏高或相平，则加冰进行调节使水温低于外筒水温 1 ℃ 左右。用容量瓶取 3 000 mL 已调温的自来水注入内筒，再将氧弹放入，水面刚好没过氧弹。可通过水中有无气泡逸出，进一步检查氧弹是否漏气。将控制箱上的电极插座连接在氧弹电极上，盖上量热计盖子，避免搅拌器与弹头相碰，将测温传感器探头插入内筒。

（5）苯甲酸燃烧时温度的测量。开启量热计的电源，打开搅拌器，待温度稳定后开始记录温度，每隔 30 s 记录一次（精确至±0.002 ℃），直至连续 10 次水温有规律微小变化，称为前期，相当于图中的 *ab* 段。按下"点火"按钮，继续每隔 30 s 记录一次水温数据。此时点火指示灯灭，停顿一会点火指示灯又亮，内部点火丝烧断后，点火指示灯才灭。点火约 30 s 后，水温开始迅速上升，表明点火成功，读数至两次差值小于 0.02 ℃，称为反应期，相当于图中的 *bc* 段。然后，继续每隔 30 s 记录一次水温，读取 10 个点，温度变化缓慢，进入了末期，相当于图中的 *cd* 段，结束本次测量。

若点火 1~2 min 后，水温没有明显上升，说明点火失败，应关闭电源，取出氧弹，放出氧气，仔细检查点火丝及连接线，找出原因并排除。

（6）校验。测量停止后，关闭搅拌器和电源，将温度传感器取出后打开量热计盖子，拔下电极，取出氧弹，用放气阀放出氧弹内的余气，旋下氧弹盖，检查样品燃烧情况，若氧弹内没有什么燃烧残渣，则表明样品燃烧完全；反之，则表明燃烧不完全，实验失败，需要重做。

如果样品燃烧完全，用小镊子取下未燃烧完的点火丝，用分析天平称取其质量，记录好数据。清洁并干燥氧弹和内筒。

2. 萘燃烧时温度的测量

称取 0.6~0.8 g 萘，按上述方法测定温度随时间的变化值，计算萘的燃烧热。

五、数据记录与处理

（1）实验室温度：_____ ℃；实验室大气压：_____ Pa；

m/g(苯甲酸)：_____ ； m/g(萘)：_____ ；

点火丝/g(测苯甲酸)：_____；点火丝/g(测萘)：_____；
剩余点火丝/g(测苯甲酸)：_____；剩余点火丝/g(测萘)：_____；
烧掉点火丝/g(测苯甲酸)：_____；烧掉点火丝/g(测萘)：_____；
室温时贝克曼温度计的读数：_____℃。

(2) 记录燃烧过程温度随时间的变化值，填入表2-1。

(3) 以温度为纵坐标，时间为横坐标，绘制苯甲酸燃烧的温度-时间曲线，用雷诺图解法求出温差 ΔT_1，并根据式(2-2)计算出量热计的热容 C。

(4) 用图解法求出萘燃烧的温差 ΔT_2，根据式(2-2)计算出萘的恒容燃烧热 $Q_{V,m}$。

表 2-1 苯甲酸和萘燃烧过程温度变化数据

苯甲酸				萘			
序号	温度/℃	序号	温度/℃	序号	温度/℃	序号	温度/℃
					……		

(5) 根据式(2-1)计算萘的恒压燃烧热 $Q_{p,m}$(kJ/mol)。

(6) 将实验结果与附表3的文献值进行比较，对本实验进行误差分析，计算相对误差。

六、实验注意事项

(1) 压片的松紧程度要控制恰当，太紧不易燃烧，过松质量有损耗，而且充氧气时可能被冲散，以压实不掉沫，但又没有亮光为好。

(2) 连接点火丝时，将点火丝与电极相接处拧紧，使其接触良好并与样品充分接触，点火丝不能与燃烧皿接触，以防止短路现象。

(3) 氧弹在移动和充氧过程中，不要振动和倾斜，以防止样品从燃烧皿中脱落、点火丝的位置发生移动。

(4) 充氧前后，必须检查电极通路是否良好，并注意减压阀的开启顺序。一定要按照要求操作，注意安全。往氧弹内充入氧气时，一定不能超过指定的压力，以免发生危险。

(5) 测定仪器热容与测定样品燃烧热时的条件应该一致。

(6) 若点火后一两分钟内体系温度不变(或变化很小)，即点火失败，应立即取出氧弹检查，装第二个准备好的氧弹，重新开始。

(7) 实验结束后将压片机、氧弹、盛水桶擦干净；万用表等归还教师。

(8) $Q_{p,m}=Q_{V,m}+\sum \nu_B(g)RT$，注意 $Q_{V,m}$ 取负值，H_2O 是液体，T 为室温(萘的燃烧热文献值 $\Delta H_m^\theta = -5\,154$ kJ/mol，实验相对误差在5%以下为合格)。

七、思考题

(1) 使用氧气钢瓶和减压阀时应注意哪些事宜？

(2) 在本实验中，哪些是系统？哪些是环境？系统和环境之间有无热交换？这些热交换对实验结果有何影响？如何校正？

(3) 分析样品不能点燃或燃烧不完全的原因有哪些？

八、实验讨论与拓展

(1)造成点火后系统温度不迅速上升的主要原因有以下几种情况:①电极、点火丝可能与燃烧皿相碰发生短路;②电极可能与氧弹壁发生短路;③点火丝可能与电极因松动或断开而接触不好;④在压片等环节可能因操作不当已将点火丝断开;⑤氧气未充足,不能充分燃烧。

(2)氧弹内预先加水,使氧弹内为水蒸气所饱和,从而使燃烧后的气态水易凝结成液态水。

(3)水温调节原理。燃烧前系统温度(内筒水温)略低于环境温度(外筒水温),环境向系统有微小的热量传输;燃烧后系统温度(内筒水温)略高于环境温度(外筒水温),此时系统向环境有微小的热量传输。燃烧前调节内筒水温(系统)低于外筒水温(环境)的温差值,一般以燃烧后系统温度升高值的大约一半为标准,因实验开始时外筒水温通常与室温是一致的,按这样的标准调节燃烧前内筒的水温,可以保证燃烧前室温与内筒水温的差值和燃烧后内筒水温与室温的差值基本相等,因此,燃烧前环境传输给系统的热量与燃烧后系统传给环境的热量大致相等,相当于整个实验过程中系统与环境之间没有热交换。

(4)量热计有两类:一类是绝热式量热计,装置中有温度控制系统,在实验过程中,环境与实验体系的温度始终相同或始终略低 0.3 ℃,热损失可以降到极微小程度,因而,可以直接测出初温和最高温度;另一类是环境恒温量热计,量热计的最外层是恒温的水夹套,实验体系与环境之间有热交换,燃烧前后温度的变化不能直接测量准确,需要通过雷诺曲线对温度的变化值进行校正。

(5)在燃烧过程中,若氧弹内留有微量的空气,其中的 N_2 氧化生成硝酸和其他氮的氧化物时会释放出热量,使系统温度升高而引起测量误差。一般实验时因这部分的热量少而忽略不计,但精确实验中,这部分热量应予以校正。校正方法:燃烧实验结束后打开氧弹(实验前氧弹里预先加 10 mL 蒸馏水),用少量蒸馏水分三次洗涤氧弹内壁,收集洗涤液在锥形瓶中,煮沸片刻后以 0.1 mol/L NaOH 溶液滴定,按所用 NaOH 溶液的体积数核算这部分热量(1 L 0.1 mol/L NaOH 滴定液相当于放热 5.983 J),在计算燃烧热时应将其扣除。

九、计算机处理数据

用 Origin 软件作苯甲酸的温度-时间曲线,用雷诺图解法求出温差 ΔT。

(1)启动 Origin 软件后,出现一个默认"Book1"的"Worksheet"窗口,其中有默认为 A(X)、B(Y)两列,将数据"时间 t/min"为 X 坐标,"相对温度 T/℃"为 Y 坐标分别输入。

(2)选定 A(X)、B(Y)两列所有实验数据,在主菜单"Plot"命令中选择"Line+Symbol",即可得到点线图。分别双击实验图的"X Axis Title"和"Y Axis Title";输入横坐标标题"t/min"和纵坐标标题"T/℃",单击"OK"按钮。

(3)单击绘图窗口左侧工具栏中"Text tool"按钮,在曲线相应位置分别命名 a、b、c、d。

(4)单击绘图窗口左侧工具栏中的"Data Selector"按钮,系统将自动在散点轨迹的首、末端产生数据标识符,按住光标,将末端标识符手动移到 b 点,在"Analysis"中选择线性拟合"Fit Linear",即可作出 ab 线。

(5)单击"Data Selector"按钮,按住光标,手动将散点轨迹首端的数据标识符移至拐点 c,在"Analysis"中选择线性拟合"Fit Linear",即可作出 cd 线。

(6)单击"lineTool"按钮,过 b 点、c 点作水平线分别与纵坐标交于 T_1、T_2 点;线段 T_1T_2 中点 T 的水平线与曲线 $abcd$ 相交于 O 点,过 O 点作 TO 的垂线 AB,此线与 ab 线和 cd 线的延长线交于 E、F 两点。

(7)双击边框,单击"Title&Format",在左侧的"Selector"中选择"Top"和"Right",选取"Show Axis&Tick",在"Major"和"Minor"中,都选择"None",然后单击"OK"按钮,即可得雷诺曲线校正图。

(8)单击"Data Reader",把光标放在 E 点处,显示 E 点横、纵坐标的数值,记下其纵坐标 T_E 值;同理记下 F 点的纵坐标 T_F 值,可得 $\Delta T = T_F - T_E$。

(9)同理,求出萘燃烧的 ΔT 值。

实验二 凝固点降低法测定摩尔质量

一、实验目的

(1)用凝固点降低法测定萘的摩尔质量。
(2)掌握溶液凝固点的测量技术,加深对稀溶液依数性的理解。
(3)掌握温差测量仪的使用方法。

二、实验原理

一定压力下,固体溶剂与溶液成平衡的温度称为溶液的凝固点。当向溶剂中加入一种非挥发性溶质而形成双组分稀溶液(溶剂与溶质不生成固溶体),稀溶液凝固析出纯固体溶剂时,溶液凝固点低于纯溶剂的凝固点,其降低值与溶质的质量摩尔浓度成正比,即

$$\Delta T_f = T_f^* - T_f = K_f b_B \tag{2-3}$$

式中,T_f^* 为纯溶剂的凝固点,T_f 为溶液的凝固点,b_B 为溶液中溶质 B 的质量摩尔浓度,K_f 为溶剂的凝固点降低常数,其数值仅与溶剂的性质有关。

若称取溶质 m_B g 和溶剂 m_A g,配成稀溶液,则此溶液的质量摩尔浓度为

$$b_B = \frac{1\,000 m_B}{M_B m_A} \tag{2-4}$$

式中,M_B 为溶质的摩尔质量。将式(2-4)代入式(2-3),整理得

$$M_B = K_f \frac{1\,000 m_B}{\Delta T_f m_A} (\text{g/mol}) \tag{2-5}$$

若已知某溶剂的凝固点降低常数 K_f 值，通过实验测定此溶液的凝固点降低值 ΔT_f，即可计算溶质的摩尔质量 M_B。

溶液凝固点降低值的大小，直接反映了溶液中所含溶质质点数目的多少。而纯溶剂的凝固点是指在一定外压下，其液相和固相达到平衡时的温度。将纯溶剂逐步冷却，研究系统温度随时间变化的规律曲线，称为步冷曲线。理论上纯溶剂在凝固前因系统对环境均匀散热，温度随时间以一定斜率的直线下降，开始凝固时析出固体所放出的凝固热基本上补偿了系统对环境的散热，系统温度保持不变（步冷曲线上出现平台），直到液相全部凝固后，系统温度才继续下降，如图 2-5(Ⅰ)所示。但是，在实际降温冷却过程中，若要从纯液体中析出固体，是一个由无到有、新相生成的艰难过程，往往易发生过冷现象，即一定外压下，系统温度降到该纯液体所对应的凝固点时，系统无固体析出；只有系统继续降温到凝固点以下的某温度时，固体才会析出。当从过冷液体中析出固体时，放出的凝固热使体系的温度回升到纯液体的凝固温度并保持不变，待液体全部凝固后温度再逐渐下降，其步冷曲线呈图 2-5 中(Ⅱ)形状，过冷太甚会出现图 2-5 中(Ⅲ)的形状。

溶液的凝固点低于纯溶剂的凝固点。当溶液冷却至开始析出固体时，因不断析出的是纯溶剂固体，剩余溶液中溶质的量不变，而溶剂的量不断减少，溶液的浓度逐渐增大，依据式(2-3)，剩余溶液与溶剂固体的平衡温度必然逐渐下降，在步冷曲线上不可能出现温度不变的水平线段，理论上的步冷曲线形状如图 2-5(Ⅳ)所示。一般当溶液发

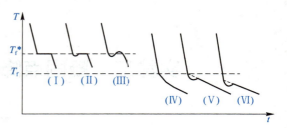

图 2-5　溶剂与溶液的冷却曲线

生稍微过冷现象时，则出现图 2-5 中(Ⅴ)的形状，此时，可将温度回升的最高值反向延长至与液相段相交点处的温度作为溶液的凝固点。若过冷太甚，凝固的溶剂过多，溶液浓度变化过大，则出现图 2-5 中(Ⅵ)的形状，测得的凝固点偏低。因此，精确测量溶液凝固点的难度较大，在测量过程中应设法控制适当的过冷程度，一般可通过调节冰水浴的温度、控制搅拌速度等方法来达到。

本实验测纯溶剂与溶液凝固点之差，由于差值较小，所以测温需用较精密仪器，本实验使用精密温差测量仪。用连续记录时间-温度法（步冷曲线法），作图外推确定凝固点。

三、仪器药品

(1)仪器：精密温差测量仪 1 套、烧杯(250 mL)1 个、移液管(25 mL)1 支、压片机 1 台、分析天平 1 台、吸耳球、秒表。

(2)药品：环己烷(分析纯)、萘(分析纯)、碎冰。

四、实验步骤

(1)按图 2-6 所示安装凝固点测定仪，注意测量管、搅拌棒都需清洁、干燥，温差测量仪的探头、搅拌棒与试管壁都需有一定空隙，防止搅拌时发生摩擦。

(2)调节冰水浴的温度。取自来水注入冰浴槽，然后加入碎冰以保持水温在 3.3 ℃～

3.5 ℃。在实验过程中经常搅拌，不断加入碎冰，使水浴温度基本保持不变。

(3) 调节温差测量仪。将温度测量探头和温差测量探头都放在冰水浴中，当两者显示温度数字相等且稳定时，按下"置零"按键并保持约 2 s，校正温差测量仪。

(4) 溶剂凝固点的测定。

1) 用移液管取 25 mL 环己烷注入干燥、洁净的测量管。

2) 将干燥、洁净的搅拌棒和温差传感器探头通过凝固点测定管口的塞子，一并插入凝固点测定管，温差传感器探头应悬于凝固点测定管内液体的中部，不能靠近管底或管壁。

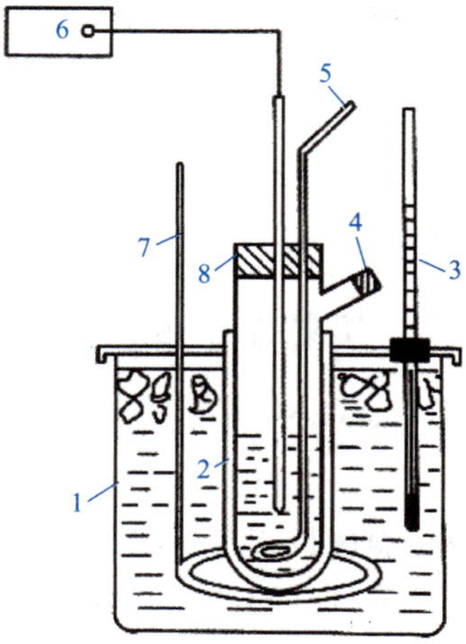

图 2-6 凝固点降低实验装置
1—冰浴槽；2—空气套管；3—温度测量计；4—样品入口；5、7—搅拌器；6—温差测量仪；8—样品管

3) 将凝固点测定管置于冰水浴中降温，使冰水浴的量刚好没过环己烷。开启慢搅拌，观察温度的变化。

4) 当温差计降温到 4.5 ℃ 左右时，开动秒表，每 30 s 记录一次温度，温度开始回升后，转为快搅拌，每 15 s 记录一次温度，温度再次下降后，仍以每 15 s 记录一次温度，继续记录 4~5 组数据，读数精确到 0.001 ℃。

5) 测定完以后，取出测量管用手进行温热，待析出的结晶全部融化后，将凝固点测定管再次放入冰水浴中降温，按上述方法再测定一次。

(5) 溶液凝固点的测定。

1) 取出测量管，用手进行温热，使环己烷结晶融化。

2) 粗称 0.15~0.25 g 萘，压片后用分析天平精确称量。然后投入到测量管内的溶剂中，防止粘着于管壁、温差计或搅拌器上，搅拌至萘全部溶解。

3) 按上述方法，测定溶液的冷却曲线。当温差计降温到 4.0 ℃ 左右时，开动秒表，每 30 s 记录一次温度，温度开始回升后，转为快搅拌，每 15 s 记录一次温度，温度再次下降后，继续记录 8~12 组数据。

4) 测定完一次以后，重复测定一次。

五、数据处理

(1) 实验室温度：_____ ℃；实验室大气压：_____ Pa；水浴温度：_____ ℃。

(2) 将液体凝结过程不同时间的温度数据填入表 2-2。

表 2-2 凝固点测定数据

环己烷/mL			萘的质量/g		
时间/s	温度/℃		时间/s	温度/℃	
	1	2		1	2
……			……		

(3)用 $\rho_t(\text{g/cm}^3) = 0.7971 - 0.8879 \times 10^{-3} t(\text{℃})$ 计算室温 t 时环己烷的密度,然后算出所取环己烷的质量 m_A。

(4)分别作纯溶剂和溶液的步冷曲线,经作图得纯溶剂、溶液凝固点 T_f^*、T_f。

(5)由 T_f^*、T_f 计算萘的相对分子量,并计算与理论值的相对误差。

已知环己烷的凝固点 $T_f^* = 279.7$ K;$K_f = 20.1$ kg/K·mol^{-1}。

六、实验注意事项

(1)冰水浴温度对实验结果有很大影响,过高会导致冷却太慢,过低则测不出正确的凝固点。冰水浴温度应不低于溶液凝固点 3.0 ℃为佳,一般控制为 3.2 ℃~3.5 ℃。

(2)温度校正后,温差测量仪探头应用滤纸擦干,放入环己烷。

(3)溶剂、溶质的纯度都直接影响实验的结果,要防止水进入溶液。

(4)搅拌速度要适中,既不能太快,也不能太慢。每次测定应按相同的搅拌条件搅拌。

(5)在测量过程中,析出的固体越少越好,以减少溶液浓度的变化,才能准确测定溶液的凝固点。若过冷太甚,溶剂凝固过多,溶液的浓度变化过大,则会导致测量值偏低。在过程中可通过加速搅拌、控制过冷温度、加入晶种等控制过冷度。

(6)溶液的冷却曲线与纯溶剂的冷却曲线不同,不出现平台,只出现拐点,即当析出固相,温度回升到平衡温度后,不能保持一定值,要逐渐下降。

七、思考题

(1)为什么产生过冷现象?如何控制过冷程度?

(2)根据什么原则考虑加入溶质的量?太多太少影响如何?

(3)为什么测定溶剂凝固点时,过冷程度大一些对测定结果影响不大,而测定溶液凝固点时必须尽量减少过冷现象?

八、实验讨论与拓展

(1)若不用外推法求凝固点,则一般 ΔT 都偏高,误差较大。本实验的误差主要来自过冷程度的控制,最好在达到一定过冷程度时加入少量纯溶剂的晶种。细心体会过冷的操作需较长时间。

(2)不同的溶剂,其凝固点降低常数值也不同,用凝固点降低法测定相对分子质量,在选择溶剂时,使用 K 值大的溶剂是有利的。本实验选用的环己烷比用苯好,其毒性也比苯低。凝固点降低值的大小,直接反映了溶液中溶质有效质点的数量。若溶质在溶液中有离解、缔合、溶剂化和生成配合物等情况,均影响溶质在溶液中的摩尔质量。因此,凝固点降低法还可用于研究溶液的一些性质,例如,电解质的电离度溶质的缔合度活度和活度系数等。

(3)从相律分析,溶剂与溶液的冷却曲线形状不同。在纯溶剂、固液两相共存时,自由度 $f = 1 - 2 + 1 = 0$,冷却曲线出现水平线段。在溶液、固液两相共存时,自由度 $f = 2 - 2 + 1 = 1$,温度仍可下降,但由于溶剂凝固时放出凝固热,使温度回升,但回升到最高点又开始下降,所以冷却曲线不出现水平线段。由于溶剂析出后剩余溶液浓度变大,显然回升的最高温度不是原浓度溶液的凝固点，严格的做法应通过外推法加以校正，如图 2-5 中(Ⅴ)所示，可以将凝固后的固相的冷却曲线向上外推至与液相段相交，并以此交点温度作为凝固点。

实验三　双组分金属相图的绘制

一、实验目的

(1)掌握热分析法绘制双组分液-固相图的基本原理和测量技术。
(2)掌握运用热分析法测定绘制 Sn-Bi 双组分合金相图的方法。
(3)掌握数字控温仪和可控升降温电炉的使用方法。

二、实验原理

相图是描绘体系的状态随温度、压力、组成等变量而变化的几何图形，它反映在指定条件下的相平衡关系，如相数和各相的组成等。相图具有直观性和整体性的特点，是研究多相平衡的工具。

测绘双组分液-固相图常用的实验方法是热分析法。其原理是在定压下，将体系中的物质加热熔融成一均匀液相后，使之均匀冷却，冷却过程中，每隔一定时间记录一次温度，作温度与时间关系的步冷曲线。根据步冷曲线的转折点或水平线段便可获得系统中发生相变化时的温度数据。双组分简单低共熔混合物的冷却曲线具有图 2-7(a)所示的形状。

对于简单双组分凝聚系统，步冷曲线基本类型可分为三种，分别如图 2-7(a)中的 a、b、c 三条曲线。

图 2-7(a)中 a 曲线是纯物质 A 的步冷曲线。从高温冷却，无相变化发生时，冷却速度是均匀的；当体系温度达到 A 物质凝点 C 时，固相开始析出，体系发生相变释放出相变热，建立单组分两相平衡，此时 $f=0$，温度保持不变，在步冷曲线上出现平台；当液相全部转化为固相后，温度继续下降。平台的温度即为 A 物质的凝固点。纯 B 物质的步冷曲线 e 的形状与 A 物质的相似。

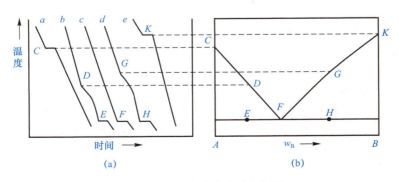

图 2-7　根据步冷曲线绘制相图

图 2-7(a)中 b 曲线是双组分混合物的步冷曲线。单纯的滤液降温过程，降温速率较快，达到 D 点时，开始有固体 A 析出，体系呈滤液和固体 A 的两相平衡；由于固体 A 析出时产生相变热，降温速度减慢，曲线在此出现转折点。随着固体 A 的不断析出，滤液中 B 的浓度不断增大，凝固点逐渐降低；直到 E 点时，又有固体 B 共同析出，此时，体系处于熔液、固体 A、固体 B 三相平衡，$f=0$，温度不随时间变化，体系释放出相变热，使曲线上出现平台，直至液体全部凝固，温度继续下降。液相中 B 组分含量偏高的步冷曲线 d 的形状与 A 的相似，只是在转折点 G 处先析出固体 B，在平台 H 处又析出固体 A。

图 2-7(a)中 c 曲线是双组分低共熔混合物的步冷曲线，形状与 A 类似。当冷却过程无相变发生时，体系温度随时间均匀下降；当达到 F 点温度时，A、B 两种固体同时析出，建立三相平衡，此时 $f=0$，步冷曲线出现平台；当液体全部凝固后，温度继续下降。

测定一系列组成不同样品的步冷曲线，可得到组成与所对应的相变温度数据，以横轴表示混合物的组成，纵轴表示开始出现相变的温度，将这些点连接起来，可得双组分固-液相图，如图 2-7(b)所示。

用热分析法测绘相图时，被测体系必须时时处于或接近相平衡状态，因此，必须保证冷却速度足够慢才能得到较好的效果。此外，在冷却过程中，一个新的固相出现以前，常常发生过冷现象，即温度下降到相变点以下，然后又出现回升，步冷曲线在转折处出现起伏，如图 2-8 所示。遇此情况，可延长 dc 线与 ab 线相交，交点 e 即为转折点。

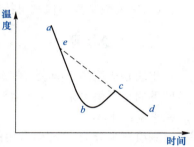

图 2-8 有过冷现象时的步冷曲线

三、仪器和试剂

(1)仪器：JX-3D 型金属相图专用加热装置和数字控温仪 1 套、不锈钢样品管 6 支、硬质玻璃样品管 6 支、托盘天平 1 台。

(2)试剂：纯锡（化学纯）、纯铋（化学纯）、石墨粉。

四、实验步骤

1. 样品配制

用感量 0.01 g 的电子天平分别称取纯 Sn、纯 Bi 各 100 g，另配制含锡 20%、42%、60%、80%的铋锡混合物各 100 g，分别装入 6 支硬质玻璃样品管，在样品上方各覆盖一层石墨粉以防止试样氧化。

2. 仪器准备

(1)检查仪器各接口连线的连接是否正确，然后接通电源开关。
(2)根据测定样品和实验室温度等情况，对数字控温仪进行参数设置。
按"设置"按钮，依次设定温度(T)：140 ℃～280 ℃；加热功率(P_1)：200～300 W；保温功率(P_2)：20～40 W；报警间隔时间(t_1)：30 s；报警(n)：1。

3. 测定步冷曲线

(1)将温度传感器插入样品管细管，样品管放入加热炉的不锈钢套管中，炉体的挡位拨至相应炉号。按下"加热"按钮进行加热,达到设定温度时加热自动停止。各组分混合物的温度设定值需参考该组分的熔点,考虑到加热电炉的温度过冲,一般应设置高于熔点温度20 ℃~30 ℃。

(2)样品融化后,用样品管内的细管将样品搅拌均匀,动作要轻,防止把样品管弄破,并将石墨粉拨至样品表面,以防止样品氧化。

(3)保持样品管内细管的下端位于样品的中央,启用保温或开风扇改善降温速度,一般以5~7 ℃/min为宜。记录降温时的时间和温度值,直至降到水平线段以下为止。

(4)同法测定其他几组样品。

(5)以温度为纵坐标,时间为横坐标,用坐标纸或作图软件绘出各样品的步冷曲线。

(6)另取一样品管装适量的水,放入加热炉中加热,将温度传感器插入水中测定水沸腾时温度显示器所示的温度。

五、数据记录和处理

(1)实验室温度:_____ ℃;实验室大气压:_____ Pa。

(2)将降温过程测定的步冷曲线数据填入表2-3。

表2-3 测定步冷曲线的实验数据

锡的含量(质量百分比)											
0%		20%		42%		60%		80%		100%	
T	t	T	t	T	t	T	t	T	t	T	t
…	…	…	…	…	…	…	…	…	…	…	…

(3)用已知纯铋、纯锡的熔点及水的沸点作横坐标,以纯物步冷曲线中的平台温度为纵坐标作图,画出热电偶的工作曲线。

(4)找出各步冷曲线中转折点和平台对应的温度值,并填入表2-4。

(5)从热电偶工作曲线上查出各转折点和平台温度填入表2-4。以温度为纵坐标,组成为横坐标,绘出Sn-Bi合金相图,标出各区的相态,根据相图求出低共熔点温度及低共熔混合物的组成。计算测量值的相对误差(低共熔混合物的组成和低共熔点见附表15)。

表2-4 实验测定的相变点温度和校正后的数值

锡的含量w_{Sn}	相变点	测定值/ ℃	校正值/ ℃
0%	平台		
20%	转折点		
	平台		
…	…		

六、实验注意事项

(1)用热分析法绘制相图时,被测系统应尽量接近相平衡状态,因此冷却速率不能过快,以5 ℃~7 ℃/min为宜。

(2)金属相图加热炉的炉体温度较高，实验过程中不要接触炉体，以防烫伤。处于高温下的样品管不能随意取出放置在瓷砖或其他金属板上。不用时应用软布裹好放入木盒保存。开启加热炉后，操作人员不要离开，防止出现意外事故。

(3)为保证测定结果准确，要注意使用纯度高的试样且样品质量相同。温度传感器放入样品中的部位和深度要适当。

(4)样品加热过程中，加热炉在达到设定温度后，将会继续升温，此现象称为温度的过冲。所以设定温度时，要将过冲的温度范围考虑进去，以避免样品温度过高。

(5)由于过冷现象的存在，降温过程中会有升温，属正常现象。在冷却时，降温速度要缓慢、均匀，否则步冷曲线中的转折点和平台不明显。

七、思考题

(1)何谓步冷曲线法？用步冷曲线法测绘相图时，应注意哪些问题？
(2)试用相律分析各步冷曲线上出现平台的原因。
(3)金属熔融体冷却时冷却曲线上为什么会出现转折点？纯金属、低共熔金属及合金等的转折点各有几个？
(4)为什么在不同组分的融熔液的步冷曲线上，最低共熔点的水平线段长度不同？

实验四　完全互溶双液系平衡相图的绘制

一、实验目的

(1)绘制环己烷-乙醇双液体系的沸点组成图，确定其恒沸组成和恒沸温度。
(2)掌握回流冷凝法测定溶液沸点的方法。
(3)掌握阿贝折射仪的使用方法。

二、实验原理

常温下，两种液态物质相互混合而形成的系统，称为双液系，若两种液体能按任意比例相互溶解，则称为完全互溶双液系。

在恒定压力下，表示溶液沸点与组成关系的相图称为沸点-组成图，即为 T-x 相图。完全互溶双液系的 T-x 图可分为三类：①理想双液系，溶液沸点介于两纯物质沸点之间，如图 2-9(a)所示，如苯-甲苯系统等。②各组分对拉乌尔定律发生正偏差，溶液具有最低恒沸点，如图 2-9(b)所示，如苯-乙醇系统等。③各组分对拉乌尔定律发生负偏差，溶液具有最高恒沸点，如图 2-9(c)所示，如盐酸-水系统等。

本实验所要测绘的环己烷-乙醇系统的沸点-组成图即属图 2-9(b)类型，其绘制原理如下：当系统总组成为 x 的溶液加热时，系统的温度沿虚线上升；当溶液开始沸腾时，组成为 y 的气相开始生成；继续加热，则系统的温度继续上升，同时气-液两相的组成分别沿气相线和液相线上的箭头所示方向变化,两相的相对量遵守杠杆规则而同时发生变化。反之,当设法保持气-液两相的相对量一定时,就可使系统的温度恒定不变。本实验是采用回流冷凝法来达到这一目的的;待两相平衡后,取出两相的样品,分析其组成,这样就给出在该温度下平衡气-液两相组成的一对坐标点。改变系统的总组成,再如上法找出另一对坐标点。这样测得若干对坐标点后,分别将气相点和液相点连成气相线和液相线,即可得到环己烷-乙醇双液系的沸点-组成图。

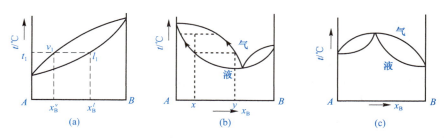

图 2-9　完全互溶双液系沸点-组成图
(a)理想双液系;(b)正偏差双液系;(c)负偏差双液系

实验所用沸点仪如图 2-10 所示,它是一个带有回流冷凝管的长颈圆底烧瓶,冷凝管底部有一个连有三通活塞的小槽,用以收集冷凝下来的气相样品;侧管用于溶液的加入和液相样品的吸取;电热丝位于烧瓶底部中央位置,直接浸入溶液中加热,以减少过热暴沸现象;气液平衡温度通过精密数字温度计或水银温度计测得,且距电热丝至少 2 cm,这样就可以比较准确地测定气-液两相的平衡温度。平衡的气-液两相组成分析采用折射率法。折射率是物质的一个特征数值,溶液的折射率与其组成有关。若在一定温度下,测得一系列已知浓度的折射率,作出该温度下溶液的折射率-组成工作曲线,就可以通过测定同温度下未知浓度溶液的折射率,从工作曲线上得到这种溶液的浓度,此外,物质的折射率还与温度有关。大多数液态有机物折射率的温度系数为 $4\times10^{-4}/K$。因此,若需要折射率测准到小数点后第 4 位,则所测温度应控制在指定值的 $\pm0.2\ ℃$ 范围内。

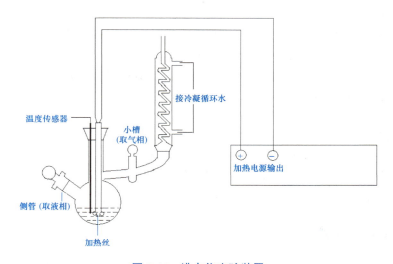

图 2-10　沸点仪实验装置

三、仪器和试剂

(1)仪器：沸点仪 1 个、调压变压器(500 V·A)1 个、阿贝折射仪 1 台、精密数字温度计或水银温度计(温度计 50 ℃~100 ℃，最小分度为 0.1 ℃)1 支、超级恒温槽 1 套、刻度移液管数支、滴管 2 支。

(2)试剂：环己烷(分析纯)、乙醇(分析纯)。

四、实验步骤

1. 测定环己烷、乙醇及标准溶液的折射率

(1)配制环己烷-乙醇标准溶液：按环己烷摩尔分数分别为 0.10、0.20、0.30、…、0.80、0.90、1.00 配制环己烷-乙醇标准溶液。

(2)调节超级恒温器的温度为 25 ℃，将阿贝折射仪棱镜组的夹套通入恒温水。恒温 10 min 后，用一支干燥的短滴管吸取环己烷数滴，注入折射仪的加液孔，测定其折射率 n，读数三次，取其平均值。然后打开棱镜组，待环己烷挥发后，再用擦镜纸轻轻吸去残留在镜面上的液体，合上棱镜组。

还用同样方法测定乙醇及各标准溶液的折射率。记录室内大气压力。

2. 测定溶液的沸点及平衡时气-液两相的折射率

(1)将传感器航空插头插入后面板上的"传感器"插座。

(2)将~220 V 电源接入后面板上的电源插座。

(3)按图 2-10 连好沸点仪实验装置，传感器勿与加热丝相碰。

(4)接通冷凝水。量取 20 mL 乙醇从侧管加入沸点仪蒸馏瓶，并使传感器浸入溶液。打开电源开关，调节"加热电源调节"旋钮，使加热丝将液体加热至缓慢沸腾，因最初在冷凝管下端内的液体不能代表平衡气相的组成，为加速达到平衡需使三通塞连通蒸馏瓶，使小槽中气相冷凝液流回蒸馏瓶内，重复三次(注意：加热时间不宜太长，以免物质挥发)，待温度稳定后，记下乙醇的沸点及环境气压。

(5)通过侧管加 0.5 mL 环己烷于蒸馏瓶，加热至沸腾，待温度变化缓慢时，同上法回流三次，温度基本不变时记下沸点，停止加热。用吸管从小槽中取出气相冷凝液测定折射率，从侧管处吸出少许液相混合物测定折射率。

(6)依次加入 1、2、4、12(mL)环己烷，同上法测定溶液的沸点和气、液相的组成。

(7)将溶液倒入回收瓶，用吹风机吹干蒸馏瓶。

(8)从侧管加入 20 mL 环己烷，测其沸点。

(9)依次加入 0.2、0.4、0.6、1.0、1.2(mL)乙醇，按步骤(4)、(5)测其沸点气、液相的组成。每份样品的读数次数及平均值由实验需要而定。

(10)关闭仪器和冷凝水，将溶液倒入回收瓶。

实验中要经常观察大气压，若变化不断，可取其平均值作为实验时的大气压。

五、数据记录及处理

(1)实验室温度：____ ℃；大气压：始：____ Pa，终：____ Pa，平均值：____ Pa。

(2)按表 2-5 给定浓度,测定环己烷-乙醇标准溶液在不同浓度($x_{环己烷}$)下的折射率,结果填入表 2-5,然后绘制环己烷-乙醇浓度($x_{环己烷}$)与折射率的工作曲线。

表 2-5　环己烷-乙醇标准溶液测定数据

x(环己烷)		0.00	0.10	0.20	0.30	0.40	0.50	0.60	0.70	0.80	0.90	1.00
折射率 n	1											
	……											
	平均值											

(3)按实验步骤环己烷与乙醇的体积比组成双液体系,测定气-液平衡时两相的折射率和沸点,填入表 2-6,计算折射率的平均值,从工作曲线上查出对应的组成 $x_{环己烷}$,填入表 2-6。

表 2-6　环己烷-乙醇双液系沸点测定数据

样品组成		沸点/℃	气相冷凝液				液相			
乙醇/mL	环己烷/mL		折射率			$x_{环己烷}$	折射率			$x_{环己烷}$
			1	2	3		1	2	3	
20	0.0									
	0.5									
	……									
0.0	20									
0.2										
……										

(4)按特鲁顿规则计算乙醇和环己烷在实验大气压下的沸点,按表 2-6 数据绘出实验大气压下乙醇-环己烷双液体系的沸点-组成图,确定其恒沸温度和恒沸组成。

六、实验注意事项

(1)电阻丝不能露出液面,一定要浸没于溶液,以免通电红热后引起有机溶剂燃烧。电阻丝两端电压不能过大,过大会引起有机溶剂燃烧或烧断电阻丝。

(2)测量过程中一定要达到气液平衡状态,即体系的温度保持稳定,才能测定其沸点及气相冷凝液和液相的折射率。

(3)在测定其气相冷凝液和液相的折射率时要保持温度一致。

(4)使用阿贝折射仪时,棱镜上不能接触硬物,擦拭棱镜时需用擦镜纸等柔软的纸。

七、思考题

(1)平衡时,气-液两相温度是否应该一样?实际是否一样?不一样对测量有何影响?

(2)如何判断气-液已达到平衡状态?讨论此溶液蒸馏时的分离情况。

(3)正确使用阿贝折射仪要注意什么?

(4)沸点测定时有过热现象和再分馏现象,它们会对测定产生何种影响?

八、实验讨论与拓展

1. 测量过程中产生误差的可能原因及分析

(1)温度校正中引入的误差：在进行温度校正的过程中，虽然采用了科学有效的校正方法和计算公式，但是由于测量仪器的精确度有限，而且露出体系外汞的平均温度和辅助温度计测得的温度不可能完全一致，所以可能导致测量过程中的误差。

(2)实验条件改变：虽然采用恒温槽使阿贝折射仪的棱镜处于恒温状态，但其他仪器的实验条件很可能出现改变。包括环境温度和气压的改变导致沸点仪所处环境的改变。

(3)测量体系的改变：在实验数据的处理过程中认为测量体系的组成没有变化，但是在实际情况下，很可能由于操作原因改变测量体系的组成。如在从沸点仪取样的过程中，以及进行折射率测量时，体系会有微量蒸发，从而使体系的组成发生变化。

(4)测定仪器的误差：测量过程中使用了刻度尺(测器外度数)和阿贝折射仪、温度计等仪器。由于系统误差，仪器测得数据与实际可能有所差异，从而导致测量结果的误差。

2. 对实验中异常现象的分析和讨论

实验中异常现象主要是沸点数值不稳定。在测量沸点时，温度计的数值开始时并不稳定，会出现波动。这一现象产生的原因主要是从沸点仪喷嘴中喷出的液流不够稳定，从而使温度计水银球处的温度不恒定。通过适当调节加热电压，使喷出液流连续而稳定，当温度计的读数处于恒定状态后再进行测量，即可避免此异常现象的影响。

九、计算机处理数据

1. 工作曲线的绘制

(1)启动 Origin 软件后，出现一个默认"Book1"的"Worksheet"窗口，其中，有默认为 A(X)、B(Y)两列，将数据按"环己烷摩尔分数 $x_{环己烷}$"为 X 坐标，"折射率 n_D"为 Y 坐标分别输入其中。

(2)选定 A(X)、B(Y)两列所有实验数据，单击窗口下方工具栏中的 按钮或在"Plot"菜单中选择"Line+Symbol"，即可得点线图。分别双击实验图的"X Axis Title"和"Y Axis Title"；输入横坐标标题" $x_{环己烷}$ "和纵坐标标题"折射率 n_D "，单击"OK"按钮。

(3)双击边框，单击"Title&Format"按钮，在左侧的"Selector"选项中选择"Top"和"Right"，选取"Show Axis&Tic"，在"major"和"minor"中，都选择"None"，然后单击"OK"按钮，即可得折射率-组成的工作曲线。

2. 双液系相图的绘制

(1)由折射率值求对应的 $x_{环己烷}$。根据实验测得气相和液相的折射率数值，在标准工作曲线上求出环己烷的摩尔分数。

操作方法：将标准工作曲线图放大为全屏显示，在工具栏中选择"Screen Reader"图标，在曲线上寻找对应的点，从"Date Display"中读出对应点的 X、Y 的坐标值，即可快速确定相应的环己烷摩尔分数。

(2)绘制相图。

1)在 Origin 中建立新的"Worksheet"，单击上方工具栏中的 按钮或用"Column"菜单中"Add New Column"命令添加新的一列(C列)。

2)将沸点、液相和气相的组成分别输入 A(X)、B(Y1)、C(Y2)三列。将 B 列数据按升序排列：选中 A、B、C 三列，然后执行"Worksheet"菜单中"Shortrange"→"Custom"命令，在新弹出的"Nested Sort"对话框左侧的"Selected Columns"中选择 B，然后单击"Ascending"按钮，再单击"OK"按钮，关闭对话框，即完成升序排列。

3)选定所有 A(X)、B(Y1)、C(Y2)三列的数据，单击窗口下方工具栏中的 按钮或在"Plot"菜单中选择"Line+Symbol"，即可得到点线图。

双击图中曲线，在"Plot Details"中选择"Line"，再在"Connect"中选择"B-Spline"，可使图中线条圆滑美观，然后在"Graph"下拉菜单中选择"Exchange X-YAxes"。

4)分别双击实验图的"X Axis Title"和"Y Axis Title"；输入横坐标标题"$x_{环己烷}$"和纵坐标标题"折射率 n_D"，单击"OK"按钮。双击边框，单击"Title&Format"按钮，在左侧的"Selector"中选择"Top"和"Right"，选择"Show Axis&Tick"，在 Major"和"Minor"中，都选择"None"，然后单击"OK"按钮，即可得乙醇-环己烷相图。

实验五 液体饱和蒸气压的测定

一、实验目的

(1)了解纯液体饱和蒸气压与温度的关系。
(2)熟悉用克劳修斯-克拉贝龙方程式方程计算摩尔气化热。
(3)掌握测定液体饱和蒸气压的方法。

二、实验原理

一定温度下，纯液体与其蒸气达到平衡时的蒸气压称为该温度下液体的饱和蒸气压，简称为蒸气压。蒸发 1 mol 液体所吸收的热量称为该温度下液体的摩尔气化热。

液体的蒸气压随温度而变化，温度升高时蒸气压增大；温度降低时蒸气压降低，这主要与分子的动能有关。当蒸气压等于外界压力时，液体沸腾，此时的温度称为沸点；外压不同时，液体沸点将相应改变；当外压为 101.325 kPa 时，液体的沸点称为正常沸点。

纯液体的饱和蒸气压与温度的关系为

$$\frac{\mathrm{d}\ln p}{\mathrm{d}T}=\frac{\Delta_{vap}H_m}{RT^2} \tag{2-6}$$

当温度变化范围不大时，$\Delta_{vap}H_m$ 可视为常数，则

$$\ln p=-\frac{\Delta_{vap}H_m}{R}\frac{1}{T}+C \tag{2-7}$$

式中，C 为积分常数。由式(2-7)可知，测定待测纯液体不同温度下的饱和蒸气压，以 $\ln p$ 对 $1/T$ 作图得一直线，由直线斜率可求出实验温度范围内该液体的平均摩尔蒸发焓

$\Delta_{vap}H_m$。同时，由直线截距可确定积分常数 C，进而推算出 101.325 kPa 时液体的正常沸点温度。

测定液体蒸气压常用的方法有静态法、动态法和饱和气流法等。本实验采用静态法测定纯乙醇在不同温度下的饱和蒸气压，即在一定的温度下，将待测液体纯乙醇置于密闭系统中，调节密闭系统的外压以平衡待测液体上方的蒸气压，测出外压即可得到该温度下液体的饱和蒸气压。该法能很好地适用饱和蒸气压较大的液体测定，但对于较高温度下的饱和蒸气压测定，其准确性下降。

三、仪器和试剂

(1)仪器：DP-AF 数字压力计 1 台、不锈钢缓冲储气罐 1 个、SYP 玻璃恒温水浴 1 台、真空泵 1 台、饱和蒸气压玻璃仪器(U 形等位计、冷凝管)1 套、橡胶管、电吹风 1 个。

(2)试剂：乙醇(分析纯)。

四、实验步骤

1. 连接装置

按照图 2-11 所示，用橡胶管连接好饱和蒸气压测定实验装置。

2. 系统气密性检查

(1)缓冲储气罐整体气密性检查。将图 2-12 中的端口 2 处橡胶管夹紧，再将进气阀及阀门 2 打开，阀门 1 关闭(三阀均为顺时针关闭，逆时针开启)。

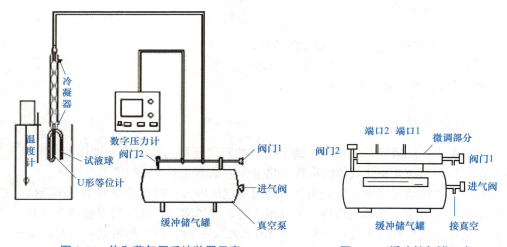

图 2-11 饱和蒸气压系统装置示意　　图 2-12 缓冲储气罐示意

启动真空泵至压力计数字为 100～200 kPa，关闭进气阀，停止真空泵的工作。观察数字压力计的数值下降情况。若小于 0.01 kPa/s，说明整体气密性良好；否则需查找并清除漏气原因，直至合格(此步工作若实验时间不够，可由实验老师先做好)。

(2)微调部分的气密性检查。关闭真空泵、进气阀及阀门 2，用阀门 1 调整微调部分的压力，使之低于压力罐中压力的 1/2，观察数字压力计，其变化值在标准范围内[小于 0.01 kPa/(4 s)]，说明气密性良好。若压力值上升超过标准，说明阀门 2 泄漏；若压力值下降超过标准,说明阀门 1 泄漏。

(3)与被测系统连接进行测试。松开端口 2 处橡胶管,使之与系统连接。关闭阀门 1,开启阀门 2,使微调部分与罐内压力相等。然后关闭阀门 2 开启阀门 1,泄压至低于罐内压力。观察数字压力计,显示值变化≤0.01 kPa/(4 s),即为合格。检漏完毕,开启阀门 1 使微调部分泄压至零。

3. 装样品

拔下等压计磨口连接管,从等压计加料口装入纯液体(如乙醇),使之充满试液球体积的 2/3 和 U 形等位计的大部分。然后装回到原磨口连接管处,并注意密封性。将平衡管安装到装置上,通冷凝水,同时开始对体系减压至真空度达 −90 kPa 以上,减压数分钟以赶净平衡管中的空气,然后关闭进气阀。

4. 测定不同温度下的饱和蒸气压

将恒温槽恒温至 25 ℃,慢慢打开平衡阀 1 旁的两通,当 U 形管内两液面相平时,立即关闭两通,读取测压仪的真空度示数。此后,依次将恒温槽恒温至 30 ℃、35 ℃、40 ℃、45 ℃、50 ℃、55 ℃,分别测乙醇的饱和蒸气压的真空度。

实验完毕,打开阀门 1 通大气后方可关闭真空泵,否则可能使真空泵的油倒灌入系统。

五、数据记录与处理

(1)实验室温度:_____ ℃;实验室大气压:_____ Pa。

(2)记录不同温度时的表压,数据填入表 2-7。计算出不同温度的饱和蒸气压,与附表 5 中的结果进行比较,算出相对误差。

表 2-7 不同温度下测定的乙醇饱和蒸气压

温度/ ℃	表压 ΔP/kPa	蒸汽压 P/kPa	$\ln p$	$\dfrac{10^3}{T}$/K
25.0				
30.0				
......				

(3)以蒸汽压 $\ln p$ 对 $10^3/T$ 作图,求出直线斜率,计算出乙醇在该实验温度区间内的平均摩尔蒸发焓 $\Delta_{vap}H_m$,并与文献值进行比较,算出相对误差。

(4)$\ln p$ 对 $10^3/T$ 所作图中,用外推法求出乙醇的正常沸点温度;也可以根据直线上的数据点确定积分常数 C,应用式(2-7)计算出压力为 101.325 kPa 时液体的正常沸点温度。

六、实验注意事项

(1)平衡管的 U 形管中不可装太多乙醇,否则既不利于观察液面,也易倒灌。
(2)在体系抽空后,先保持一段时间,待空气排净后,方可继续做下面的实验。
(3)实验结束,要先将体系放空再关闭真空泵,否则可能使真空泵中的油倒灌入系统。

七、思考题

(1)测定沸点的过程中,若出现空气倒灌,则会产生什么结果?

(2) 测量过程中，如何判断平衡管内的空气是否赶尽？
(3) 能否在加热情况下检查是否漏气？

八、实验讨论与拓展

通过测定饱和蒸气压来计算摩尔汽化热，所依据的理论是克劳修斯-克拉贝龙方程，它是热力学的重要内容之一。从表面上看，液体的蒸气压和摩尔汽化热是两回事，但热力学把两者的内在联系揭示出来，从而使人们解决实际问题的能力大大提高。汽化热的直接测定属于量热技术，它需要复杂的设备和较高的实验技术，且精确度不高，而蒸气压和温度的测定就容易得多，所以本实验提供了一种由蒸气压求算汽化热的简便易行的方法。通过本实验可以加深对蒸发、凝聚和沸腾等概念的理解，懂得为什么在海拔高的山上煮鸡蛋不易熟，家用高压锅煮熟食物快，以及减压蒸馏的原理等。不仅可以学会定性地分析，而且可以学会定量地计算。

实验六　溶解热的测定

一、实验目的

(1) 掌握采用电热补偿法测定热效应的基本原理。
(2) 用电热补偿法测定硝酸钾在水中的积分溶解热，并用作图法求出硝酸钾在水中的微分溶解热、积分稀释热和微分稀释热。

二、实验原理

物质溶解过程所产生的热效应称为溶解热，其可分为积分溶解热和微分溶解热两种。积分溶解热是指定温定压下把 1 mol 物质溶解在 n_0 mol 溶剂中时所产生的热效应。由于在溶解过程中溶液浓度不断改变，因此又称为变浓溶解热，以 $\Delta_{sol}H$ 表示。微分溶解热是指在定温定压下把 1 mol 物质溶解在无限量某一定浓度溶液中所产生的热效应，以表示在溶解过程中浓度可视为不变，因此又称为定浓度溶解热，以 $(\partial\Delta_{sol}H/\partial n_0)_{T,p,n}$ 表示，即定温、定压、定溶剂状态下，由微小的溶质增量所引起的热量变化。

稀释热是指溶剂添加到溶液中，溶液稀释过程中的热效应，又称为冲淡热。它有积分(变浓)稀释热和微分(定浓)稀释热两种。积分稀释热是指在定温定压下把原为含 1 mol 溶质和 n_{01} mol 溶剂的溶液冲淡到含 n_{02} mol 溶剂时的热效应，它为两浓度的积分溶解热之差。微分冲淡热是指将 1 mol 溶剂加到某一浓度的无限量溶液中所产生的热效应，以 $(\partial\Delta_{sol}H/\partial n_0)_{T,p,n}$ 表示，即定温、定压、定溶质下，由微小的溶剂增量所引起的热量变化。

积分溶解热的大小与浓度有关，但不具有线性关系。通过实验测定，可绘制出一条积分溶解热 $\Delta_{sol}H$ 与相对于 1 mol 溶质的溶剂量 n_0 之间的关系曲线，如图 2-13 所示，其他三种热效应由 $\Delta_{sol}H$-n_0 曲线求得。

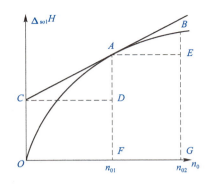

图 2-13 $\Delta_{sol}H$-n_0 的关系曲线

设纯溶剂、纯溶质的摩尔焓分别为 H_{m1} 和 H_{m2}，溶液中溶剂和溶质的偏摩尔焓分别为 H_1 和 H_2，对于由 n_1 mol 溶剂和 n_2 mol 溶质组成的体系，溶解过程的热效应为

$$\Delta H = n_1(H_1 - H_{m1}) + n_2(H_2 - H_{m2}) = n_1\Delta H_1 + n_2\Delta H_2 \tag{2-8}$$

在无限量溶液中加入 1 mol 溶质，式(2-8)中第一项可以认为不变，在此条件下所产生的热效应为式(2-8)中第二项中的 ΔH_2，即微分溶解热。同理，在无限量溶液中加入 1 mol 溶剂，式(2-8)中第二项可以认为不变，在此条件下所产生的热效应为式(2-8)第一项中的 ΔH_1，即微分稀释热。根据积分溶解热的定义，有

$$\Delta_{sol}H = \frac{\Delta H}{n_2} \tag{2-9}$$

将式(2-8)代入式(2-9)，可得

$$\Delta_{sol}H = \frac{n_1}{n_2}\Delta H_1 + \Delta H_2 = n_{01}\Delta H_1 + \Delta H_2 \tag{2-10}$$

此式表明，在 $\Delta_{sol}H$-n_0 曲线上，对一个指定 n_{01}，其微分稀释热为曲线在该点切线的斜率，即图 2-13 中的 AD/CD。其微分溶解热为该切线在纵坐标上的截距，即图 2-13 中的 OC。

在含有 1 mol 溶质的溶液中加入溶剂，使溶液量由 n_{01} mol 增加到 n_{02} mol，所产生的积分溶解热即为曲线上 n_{01} 和 n_{02} 两点处 $\Delta_{sol}H$ 的差值。

本实验测硝酸钾溶解在水中的溶解热，是一个溶解过程中温度随反应的进行而降低的吸热反应，故采用电热补偿法测定。实验时先测定体系的起始温度，溶解进行后温度不断降低，由电加热法使体系复原至起始温度，根据所耗电能求出溶解过程中的热效应 Q，即

$$Q = IUt \tag{2-11}$$

式中，I 为通过加热电阻丝的电流强度(A)，U 为电阻丝两端电压(V)，t 为通电时间(s)。

三、仪器和试剂

(1)仪器：溶解热装置、精密数字温度温差仪、数字恒温电源、称量瓶 8 个、毛刷 1 个、电子分析天平、台秤。

(2)试剂：硝酸钾固体(分析纯，已经磨细并烘干)。

四、实验步骤

1. 称样

取 8 个称量瓶,依次粗称约为 2.5、1.5、2.5、3.0、3.5、4.0、4.0、4.5(g)的硝酸钾(应预先研磨并烘干),粗称后至分析天平上准确称量其总重,称完后置于保干器,在台秤上称取 216.2 g 蒸馏水于杜瓦瓶内。

2. 连接装置及测量

如图 2-14 所示,连接实验装置。连接电源线,打开温差仪,记下当前室温。将杜瓦瓶置于测量装置中,插入探头测温,打开搅拌器,注意防止搅拌子与测温探头相碰,以免影响搅拌。打开并调节恒流电源,使加热功率为 2.30 W,同时观察温差仪测温值,当超过室温约 0.5 ℃时按下"采零"按钮。然后按下"锁定"按钮(采零后,要迅速开始加入样品,否则升温过快可能导致温度回不到负值。加热速度不能太快也不能太慢,要保证温差仪的示数在 −0.5 ℃以上)。按"采零"按钮的同时将第一份样品倒入杜瓦瓶并开始计时。起初,温差仪上显示的温度为负值。监视温差仪,当温差回零时记下时间。接着将第二份式样倒入杜瓦瓶,同样再到温差回零时读取时间值。如此往复,直到所有样品全部测定完。

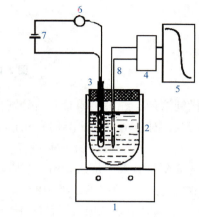

图 2-14 溶解热实验简图
1—电磁搅拌器;2—保温瓶;3—加热器;
4—测温电桥;5—自动平衡记录仪;
6—精密安培表;7—稳压电源;8—热敏电阻

3. 实验结束处理

打开杜瓦瓶,检查硝酸钾是否溶解,若硝酸钾未完全溶解,必须重新测量。倒去杜瓦瓶中的溶液(注意别丢了搅拌子),洗净烘干,用蒸馏水洗涤加热器和测温探头。关闭仪器电源,整理实验桌面,罩上仪器罩。

五、数据记录和处理

(1)实验室温度:_____ ℃;实验室大气压:_____ Pa。

(2)将水的质量、8 份样品的质量、加热功率及加入每份样品后温差归零时的累积时间等数据列于表 2-8。

(3)将数据输入计算机,计算 n_{H_2O} 和各次加入的 KNO_3 质量、各次累积加入的 KNO_3 的物质的量。根据功率和时间值计算向杜瓦瓶中累积加入的电能 Q。

表 2-8 实验数据记录

称量瓶号	空瓶质量/g	KNO_3+瓶/g	剩余瓶质量/g	加热功率/W	归零时间/s
1					
2					
……					

(4)以 n_0 为横坐标，$\Delta_{sol}H$ 为纵坐标，绘制 $\Delta_{sol}H$-n_0 曲线。按式(2-12)和式(2-13)计算各点 $\Delta_{sol}H$ 和 n_0。

$$\Delta_{sol}H = Q/n_{KNO_3} \tag{2-12}$$
$$n_0 = n_{H_2O}/n_{KNO_3} \tag{2-13}$$

(5)从 $\Delta_{sol}H$-n_0 图中求出溶液在 n_0=80、100、200、300、400 处的积分溶解热和微分稀释热，计算溶液 n_0 为 80→100、100→200、200→300、300→400 时的积分稀释热。

六、实验注意事项

(1)实验开始前，插入测温探头时，要注意探头插入的深度，防止搅拌子和测温探头相碰，影响搅拌。另外，实验前要测试转子的转速，以便在实验中选择适当的转速挡位。

(2)进行硝酸钾样品的称量时，称量瓶要编号并按顺序放置，以免次序错乱而导致数据错误。另外，固体 KNO_3 易吸水，称量和加样动作应迅速。

(3)本实验应确保样品完全溶解，因此，称量时应选择粉末状的硝酸钾。

(4)实验过程中要控制好加样品的速度，若速度过快，将导致转子陷住不能正常搅拌，影响硝酸钾的溶解；若速度过慢，一方面会导致加热过快，温差始终在零以上，无法读到温差过零点的时刻，另一方面可能会造成环境和体系有过多的热量交换。

(5)实验是连续进行的，一旦开始加热就必须把所有的测量步骤做完，测量过程中不能关掉各仪器点的电源，也不能停止计时，以免温差零点变动及计时错误。

(6)实验结束后，杜瓦瓶中不应有硝酸钾固体残留，否则需要重做实验。

(7)因加热器在开始加热时有滞后性，故应先让加热器正常加热，使温度高于环境温度 0.5 ℃左右，然后开始加入第一份样品并同时计时。

七、思考题

(1)本实验装置是否适用放热反应的热效应的测定？

(2)本实验产生温差的主要原因有哪几方面？如何修正？

八、实验讨论与拓展

(1)为了使 KNO_3 固体在加入杜瓦瓶时不撒出来，可以在加料口处加上一个称量纸卷成的漏斗。但是这样操作会使一些药品聚集在纸漏斗口处，所以每次加完药品都要抖一抖称量纸，使样品全部进入杜瓦瓶。

(2)若加入样品速度过快，则会使磁子陷住而使样品溶解不完全；若加入速度过慢，则会使体系与环境有较多的热交换，而且可能使温差回不到零点。所以加样过程中应该先快后慢，即加入新编号瓶子的硝酸钾时应该快速倒入，使其温差迅速回到负值，然后慢慢加入。搅拌速率也要适宜，太快可能使 KNO_3 固体溶解不完全；太慢会因水的传热性差而导致 Q 值偏低。

(3)KNO_3 固体是否溶解完全是本实验的最大影响因素。除上面几个因素外，还要保证使用的 KNO_3 固体是粉末状的。

(4)之所以温度零点设定在高于室温 0.5 ℃是为了体系在实验过程中能更接近绝热条

件，减小热损耗。所以在加入 KNO_3 固体时，慢慢加入，尽量保证温差显示在 $-0.5\ ℃$ 左右。但是不可能保证系统与环境完全没有热交换，这也是实验的误差原因之一。

(5) KNO_3 固体的溶解过程是一个吸热过程，所以积分溶解热都大于 0。而高浓度溶液向低浓度稀释也可以看作一个溶解过程，所以积分溶解热随 n_0 变大而增大，故积分稀释热大于 0，微分溶解热也大于 0。当 n_0 变大时，微小的溶质增量引起的热效应越来越小，故微分溶解热也越来越小，但同时积分溶解热变大，故微分稀释热也变大。

实验七　化学平衡常数及分配系数的测定

一、实验目的

(1) 测定碘和碘离子反应平衡常数；
(2) 测定碘在四氯化碳和水中的分配系数。

二、实验原理

在定温定压下，碘和碘化钾在水溶液中建立如下平衡：$I_2 + KI \rightleftharpoons KI_3$。
该反应的平衡常数为

$$K_a = \frac{\alpha_{KI_3}}{\alpha_{KI} \alpha_{I_2}} = \frac{c_{KI_3}}{c_{KI} \cdot c_{I_2}} \quad \frac{\gamma_{KI_3}}{\gamma_{KI} \cdot \gamma_{I_2}} \tag{2-14}$$

式中，α、c、γ 分别为活度、浓度和活度系数，在浓度不大的溶液中：

$$\frac{\gamma_{KI_3}}{\gamma_{KI} \cdot \gamma_{I_2}} \approx 1 \tag{2-15}$$

故得

$$K_a \approx K_c = \frac{c_{KI_3}}{c_{KI} \cdot c_{I_2}} \tag{2-16}$$

为了测定平衡常数 K，应在不扰动平衡状态条件下，测定平衡组成。本实验在反应平衡条件下，采用 $Na_2S_2O_3$ 标准溶液滴定溶液中的 I_2，随着 I_2 量的消耗，化学平衡向左移动，使 KI_3 不断分解，直至 KI_3 消耗完毕。这样最终测得的不只是 I_2 量，而是溶液中 I_2 量和 KI_3 量的和。

为了解决这个问题，向上述溶液中加入 CCl_4，如图 2-15 所示，然后充分振荡混合。溶液中 KI 和 KI_3 不溶于 CCl_4，只有 I_2 可溶于 CCl_4。当温度和压强一定时，上述化学平衡与 I_2 在 CCl_4 层和 H_2O 层的分配平衡同时建立，此时，碘在 CCl_4 层中的浓度与其在 H_2O 层中的浓度之比为一常数，即

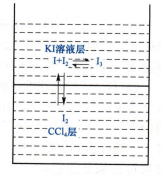

图 2-15　I_2 在 KI 溶液和 CCl_4 中达到两相平衡示意

$$K_d = \frac{c_{I_2(CCl_4)}}{c_{I_2(H_2O)}} \tag{2-17}$$

式中，K_d 为分配系数，可在相同实验温度下预先测得。

实验中，只要测得平衡时 CCl_4 层碘的浓度 a'，就可按式(2-17)求出水层碘的浓度 a。

$$a = \frac{a'}{K_d} \tag{2-18}$$

设 KI 的初始浓度为 c；达到平衡时，测得 H_2O 层中 $KI_3 + I_2$ 的总量为 b，因为化学平衡与分配平衡是同时建立的，故可计算出平衡时 KI_3 的浓度为 $b-a$，平衡时 KI 的浓度为 $c-(b-a)$，将上述各值代入式(2-16)，可得平衡常数 K_c。

$$K_c = \frac{c_{KI_3}}{c_{KI} \cdot c_{I_2}} = \frac{b-a}{a[c-(b-a)]} \tag{2-19}$$

三、仪器和试剂

(1)仪器：恒温槽 1 套、碘量瓶(250 mL) 2 个、锥形瓶(250 mL) 2 个、滴定管(50 mL) 1 支、量筒(100 mL) 2 个、量筒(25 mL) 1 个、移液管(25 mL) 1 支、移液管(5 mL) 1 支、吸耳球 1 个、洗瓶 1 个。

(2)试剂：0.10 mol/L KI 标准溶液、0.020 mol/L $Na_2S_2O_3$ 标准溶液、0.04 mol/L I_2-CCl_4 溶液、0.02% I_2-H_2O 溶液、0.5%淀粉指示剂。

四、实验步骤

(1)调节恒温槽温度在 25 ℃，槽温误差 0.05 ℃。
(2)取两个 250 mL 碘量瓶，标上号码，按表 2-9 配好样品。

表 2-9 样品液组成

编号	0.02% I_2-H_2O 溶液	0.10 mol/L KI 溶液	0.04 mol/L I_2-CCl_4 溶液
1	100 mL	—	25 mL
2	—	100 mL	25 mL

(3)将配好的体系均匀振荡，置于恒温槽中半小时，恒温期间每隔 5 min 取出振荡一次。若取出槽外振荡，每次不超过半分钟，最后一次振荡后，须将附在水层表面的 CCl_4 振荡下去，待两层充分分离后，才吸取样品进行分析。

(4)在各样品瓶中，准确移取 25 mL 水层溶液两份，分别放入两个锥形瓶，用标准的 $Na_2S_2O_3$ 液滴定。反应式为 $2Na_2S_2O_3 + I_2 = Na_2S_4O_6 + 2NaI$。

注意：1 号样品水层消耗 $Na_2S_2O_3$ 液很少，滴至淡黄色时加数滴淀粉指示剂，此时溶液呈蓝色，继续滴至蓝色消失。

准确移取 5 mL CCl_4 层样品两份。用食指塞紧移液管上口，或用洗耳球使移液管尖端鼓泡通过水层进入 CCl_4 层，以免水进入移液管。取出的 CCl_4 层样品，分别放入盛有 10 mL 蒸馏水的锥形瓶，加入少量浓 KI 溶液，以保证 CCl_4 层中的 I_2 完全提取到水层。同样用 $Na_2S_2O_3$ 标准液滴定，滴定过程中必须充分振荡，细心地滴至 CCl_4 层为淡红色，加入数滴淀粉指示剂，此时水层为蓝色，继续滴至水层蓝色消失，CCl_4 层不呈现红色。

滴定后和未用完的含 CCl_4 各溶液,皆应倒入回收瓶。

五、数据记录及处理

(1)实验室温度:_____℃;$Na_2S_2O_4$ 浓度:_____;KI 溶液浓度(c)_____。

(2)记录 1 号、2 号样品分别用 $Na_2S_2O_3$ 标准溶液滴定的结果,填入表 2-10。

(3)由 1 号样品滴定的数据,按式(2-17)计算碘在 CCl_4 和 H_2O 中的分配系数 K_d。

(4)由 2 号样品滴定的数据,结合分配系数 K_d 计算出 a;利用水层滴定数据先求出 b,然后计算出 $b-a$,$c-(b-a)$ 的值。

表 2-10 $Na_2S_2O_3$ 标准溶液滴定样品数据

编号	1 号样品		2 号样品	
取样体积	25 mL 水层	5 mL CCl_4 层	25 mL 水层	5 mL CCl_4 层
消耗 $Na_2S_2O_3$ 体积/mL				
平均值				

(5)利用式(2-19)计算反应的平衡常数 K_c。

(6)说明:

1)由 1 号样品计算分配系数,实际上可按式(2-20)直接计算:

$$K_d = \frac{25}{5} \frac{V_{CCl_4}}{V_{H_2O}} \qquad (2-20)$$

式中 V_{CCl_4} ——滴定 5 mL CCl_4 层样品所消耗的 $Na_2S_2O_3$ 溶液体积;

V_{H_2O} ——滴定 25 mL 水层样品所消耗的 $Na_2S_2O_3$ 溶液体积。

2)碘溶于碘化物中还形成少量的 I_2^- 等离子,因量很小,本实验忽略不计。

3)测分配系数 K_d 时,为使系统较快达到平衡,水中预先溶入超过平衡时的碘量(约 0.02%),使 H_2O 层中的碘向 CCl_4 层移动,达到平衡。

六、实验注意事项

(1)用 $Na_2S_2O_3$ 标准液滴定 CCl_4 层中 I_2 时,必须充分振荡,细心地滴至 CCl_4 层为淡红色,再加淀粉指示剂,若过早加入指示剂会形成络合物,即使加很多 $Na_2S_2O_3$ 标准液也不会变色。

(2)滴定反应的速度快于 I_2 与 KI 反应提取到水层的速度,所以滴定过程中必须充分振荡,保持水层为蓝色,直到 CCl_4 层红色消失,小心滴至水层蓝色消失。

七、思考题

(1)测定平衡常数及分配系数时,为什么要求温度不变?

(2)配制 1、2 样品溶液的目的是什么?根据你的实验结果判断反应是否已达到平衡。

实验八 甲基红酸解离平衡常数的测定

一、实验目的

(1)掌握甲基红解离平衡常数的测定原理和方法。
(2)掌握分光光度计和 pH 计的使用方法。

二、实验原理

根据朗伯-比耳(Lambert-Beer)定律,溶液对于单色光的吸收,应遵守下列关系式:

$$A=-\lg(I/I_0)=\varepsilon l c \tag{2-21}$$

式中,A 为吸光度,I/I_0 为透光率,ε 为摩尔吸光系数,l 为被测溶液厚度,c 为溶液浓度。

从式(2-21)可以看出,对于固定长度比色皿,在对应最大吸收峰的波长(λ)下测定不同浓度 c 的吸光度,就可作出线性的 A-c 线,这就是光度法定量分析的基础。

以上讨论是对于单组分溶液的情况,对于含有两种以上组分的溶液,若两种被测定组分的吸收曲线彼此不重合,这种情况很简单,就等于分别测定两种单组分溶液。若两种被测定组分的吸收曲线相重合,且遵守朗伯-比耳定律,则可在两波长 λ_1 及 λ_2 时(λ_1、λ_2 是两种组分单独存在时的最大吸收波长)测定其总吸光度,然后换算成被测定物质的浓度。

根据朗伯-比耳定律,假定比色皿的长度一定,对于单组分 A 有 $A_{\lambda_1}^A = K_{\lambda_1}^A c^A$;对于单组分 B 有 $A_{\lambda_1}^B = K_{\lambda_1}^B c^B$。设 $A_{\lambda_1}^{A+B}$、$A_{\lambda_2}^{A+B}$ 分别代表在 λ_1 及 λ_2 时混合溶液的总吸光度,则

$$A_{\lambda_1}^{A+B} = A_{\lambda_1}^A + A_{\lambda_1}^B = K_{\lambda_1}^A c^A + K_{\lambda_1}^B c^B \tag{2-22}$$

$$A_{\lambda_2}^{A+B} = A_{\lambda_2}^A + A_{\lambda_2}^B = K_{\lambda_2}^A c^A + K_{\lambda_2}^B c^B \tag{2-23}$$

此处 $A_{\lambda_1}^A$、$A_{\lambda_1}^B$、$A_{\lambda_2}^A$、$A_{\lambda_2}^B$ 分别代表在 λ_1 及 λ_2 时组分 A 和 B 的吸光度。由式(2-22)可得

$$c(B)=\frac{A_{\lambda_1}^{A+B}-K_{\lambda_1}^A c(A)}{K_{\lambda_1}^B} \tag{2-24}$$

将式(2-24)代入式(2-23),得

$$c(A)=\frac{K_{\lambda_1}^B A_{\lambda_2}^{A+B}-K_{\lambda_2}^B A_{\lambda_1}^{A+B}}{K_{\lambda_2}^A K_{\lambda_1}^B - K_{\lambda_2}^B K_{\lambda_1}^A} \tag{2-25}$$

这些不同的 K 值均可由纯物质求得,也就是说,在纯物质的最大吸收峰的波长 λ 时,测定吸光度 A 和浓度 c 的关系。如果在该波长处符合朗伯-比耳定律,那么 A-c 直线的斜率为 K 值,$A_{\lambda_1}^{A+B}$、$A_{\lambda_2}^{A+B}$ 是混合溶液在 λ_1 及 λ_2 时测得的总吸光度,因此,根据式(2-24)、式(2-25)即可计算混合溶液中组分 A 和组分 B 的浓度。

本实验是用分光光度法测定弱电解质(甲基红)的电离平衡常数,由于甲基红本身带有颜色,而且在有机溶剂中离解度很小,所以用一般的化学分析法或其他物理化学方法进行测定都有困难,但用分光光度法可不必将其分离,且同时能测定两组分的浓度。甲基红在有机溶剂中形成下列平衡:

甲基红的电离平衡常数：

$$K_c^\theta = \frac{\dfrac{c(\mathrm{H}^+)}{c^\theta}\dfrac{c(\mathrm{B})}{c^\theta}}{\dfrac{c(\mathrm{A})}{c^\theta}} \qquad (2\text{-}26)$$

将式(2-26)两边取对数，得

$$\mathrm{p}K_c^\theta = \mathrm{pH} - \lg\frac{c(\mathrm{B})}{c(\mathrm{A})} \qquad (2\text{-}27)$$

由式(2-27)可知，由于本体系的吸收曲线属于上述讨论中的第二种类型，因此，可用分光光度法通过式(2-24)、式(2-25)求出 B 与 A 的浓度，只要测定溶液的 pH 值，即可求得甲基红的离解常数。

三、实验仪器与试剂

(1)仪器：722 型分光光度计 1 台、PHS-3D 型酸度计 1 台、超级恒温水装置 1 套、容量瓶(100 mL)7 个、量筒(100 mL)1 支、烧杯(100 mL)4 个、移液管(25 mL)2 支、移液管(10 mL，刻度)2 支、洗耳球 1 只。

(2)试剂：酒精(95%，化学纯)、盐酸(0.1 mol/L)、盐酸(0.01 mol/L)、醋酸钠溶液(0.01 mol/L)、醋酸钠溶液(0.04 mol/L)、醋酸(0.02 mol/L)、甲基红(固体)。

四、实验步骤

1. 溶液制备

(1)甲基红溶液的制备。将 1.0 g 晶体甲基红加 300 mL 质量分数为 95% 的酒精，用蒸馏水稀释到 500 mL。

(2)标准溶液的制备。取 10 mL 上述配好的溶液加 50 mL 质量分数 95% 的酒精，用蒸馏水稀释到 100 mL。

(3)溶液 A 的制备。将 10 mL 标准溶液加 10 mL 0.1 mol/L HCl，蒸馏水稀释至 100 mL。

(4)溶液 B 的制备。将 10 mL 标准溶液加 25 mL 0.04 mol/L NaAc 溶液，用蒸馏水稀释至 100 mL。

溶液 A 的 pH 值约为 2，甲基红以酸式存在。溶液 B 的 pH 值约为 8，甲基红以碱式存在。把溶液 A、溶液 B 和空白溶液(蒸馏水)分别放入三个洁净的比色皿(条件允许的情况下，可用超级恒温水浴 25 ℃恒温 5 min)，测定吸收光谱曲线。

2. 吸收光谱曲线的测定

(1)用 722 分光光度计测定溶液 A 和溶液 B 的吸收光谱曲线,求出最大吸收峰的波长。波长从 360 nm 开始,每隔 20 nm 测定一次(每改变一次波长都要先用空白溶液校正),直至 620 nm 为止。由所得的吸光度 A 与 λ 绘制 A-λ 曲线,从而求得溶液 A 和溶液 B 的最大吸收峰波长 λ_1 及 λ_2。

(2)求 $K_{\lambda_1}^A$、$K_{\lambda_1}^B$、$K_{\lambda_2}^A$、$K_{\lambda_2}^B$。将溶液 A 用 0.01 mol/L HCl 稀释至开始浓度的 75％、50％、25％。溶液 B 用 0.01 mol/L NaAc 稀释至开始浓度的 75％、50％、25％。并在溶液 A、溶液 B 的最大吸收峰波长 λ_1、λ_2 处测定上述各溶液的吸光度。如果在 λ_1、λ_2 处上述溶液符合朗伯-比耳定律,则可得到四条 A-c 直线,由此可求出 $K_{\lambda_1}^A$、$K_{\lambda_1}^B$、$K_{\lambda_2}^A$、$K_{\lambda_2}^B$。

3. 混合溶液的总吸光度及其 pH 值的测定

(1)配制四份混合液。

1)10 mL 标准溶液+25 mL 0.04 mol/L NaAc 溶液+50 mL 0.02 mol/L HAc,用蒸馏水稀释至 100 mL。

2)10 mL 标准溶液+25 mL 0.04 mol/L NaAc 溶液+25 mL 0.02 mol/L HAc,用蒸馏水稀释至 100 mL。

3)10 mL 标准溶液+25 mL 0.04 mol/L NaAc+10 mL 0.02 mol/L HAc,用蒸馏水稀释至 100 mL。

4)10 mL 标准溶液+25 mL 0.04 mol/L NaAc+5 mL 0.02 mol/L HAc,用蒸馏水稀释至 100 mL。

(2)条件允许的情况下,可用超级恒温水浴 25 ℃恒温 5 min 后再进行测量。

(3)用 λ_1、λ_2 的波长测定上述四份溶液的总吸光度。

(4)测定上述四份溶液的 pH 值。

五、数据记录与处理

(1)记录实验步骤 2 中不同波长下的吸光度数据,以吸光度对波长作图,画出溶液 A、溶液 B 的吸收光谱曲线,并从曲线上求出最大吸收峰的波长 λ_1、λ_2。

(2)记录实验步骤 3 中不同波长 λ_1、λ_2 下的吸光度数据,以吸光度值对浓度作图,得四条 A-c 直线。求出四个摩尔吸光系数 $K_{\lambda_1}^A$、$K_{\lambda_1}^B$、$K_{\lambda_2}^A$、$K_{\lambda_2}^B$。

(3)由混合溶液总吸光度,根据式(2-26)、式(2-27),求出混合液中 A、B 的浓度。

(4)记录实验步骤 3 中测定的四个溶液的 pH 值,求出各混合液中甲基红的离解常数。

六、实验注意事项

(1)使用 722 型分光光度计时,电源部分需加一稳压电源,以保证测定数据稳定。

(2)使用 722 型分光光度计时,为了延长光电管的寿命,在不进行测定时,应将暗室盖子打开。仪器连续使用时间不应超过 2 h,若使用时间过长,则中途需间歇 0.5 h 再使用。

(3)比色皿经过校正后,不能随意与另一套比色槽进行个别的交换,需经过校正后才能更换,否则将引入误差。

(4)pH 计应在接通电源 20~30 min 后进行测定。

(5)本实验 pH 计使用的是复合电极,在使用前复合电极需在 3 mol/L KCl 溶液中浸泡一昼夜。复合电极的电极玻璃很薄,容易破碎,切不可与任何硬物相碰。

(6)波长改变后,722 型分光光度计应重新校正。

七、思考题

(1)制备溶液时,所用的 HCl、HAc、NaAc 溶液各有什么作用?

(2)用分光光度法进行测定时,为什么要用空白溶液校正零点?理论上应该用什么溶液校正?在本实验中用的是什么?为什么?

八、实验讨论与拓展

(1)分光光度法和分析中的比色法相比较有一系列优点,首先它的应用不局限于可见光区,可以扩大到紫外和红外区,所以对于一系列没有颜色的物质也可以应用。此外,也可以在同一样品中对两种以上的物质(不需要预先进行分离)同时进行测定。

(2)吸收光谱的方法在化学中得到广泛的应用和迅速发展,也是物理化学研究中的重要方法之一,例如,用于测定平衡常数及研究化学动力学中的反应速率和机理等。由于吸收光谱实际上是决定于物质内部结构和相互作用,因此,对它的研究有助于了解溶液中分子结构及溶液中发生的各种相互作用(如配合、离解、氢键等性质)。

实验九 三元液-液体系等温相图的绘制

一、实验目的

(1)熟悉用三角形相图表示三组分体系组成的方法。
(2)掌握用溶解度法绘制相图的基本原理。

二、实验原理

三组分体系 $C=3$,当体系处于恒温恒压条件下,根据相律,体系的条件自由度 $F=3-P$。P 为体系的相数。体系的最大条件自由度 $F_{max}=3-1=2$,因此,对于恒温恒压的三组分体系,其浓度变量最多只有两个,可以用平面图表示体系状态和组成间的关系,称为三元等温相图。三元等温相图通常采用等边三角形坐标表示。

等边三角形的三个顶点分别代表纯物质 A、B 和 C(图 2-16),三条边 AB、BC 和 CA 分别代表 A+B、B+C 和 C+A 三个二组分体系,而三角形内任何一点都表示三组分体系的组成。图 2-16 中 P 点的组成,可过 P 点作平行于三角形三边的直线,与三边交于 a、b、c 三点。若将三边均分成 100 等份,则 P 点三个组分的组成分别为 A%=Cb,B%=Ac,C%=Ba。

苯-乙酸-水三组分体系中,苯与水是部分互溶的,而乙酸和水、乙酸和苯是完全互溶的,其相图如图 2-17 所示。图中 E 点是苯在水中的饱和溶解度,F 点是水在苯中的饱和溶解度。$EK_2K_1PL_1L_2F$ 是溶解度曲线,K_1L_1 和 K_2L_2 是连接线。溶解度曲线外是单相区,曲线内是两相区,即一相是苯在水中的饱和溶液,另一相是水在苯中的饱和溶液。故此体系由两个分别含有三个组分的溶液组成,但这两个溶液的组成不同。可用 K_1、L_1 等相点表示其相的组成,这两个溶液称为共轭溶液。此图称为部分互溶三组分体系液-液平衡溶相图。因此,利用体系在相变化时出现的清浊现象,可以判断体系中各组分间互溶度的大小。一般来说,溶液由清澈变浑浊时,肉眼较易分辨。所以本实验是用向均相的苯-乙酸体系中滴加水使之变成两相混合物的方法,确定两相间的相互溶解度。

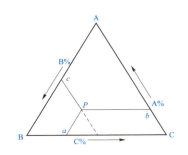

图 2-16　等边三角形表示三组分相图

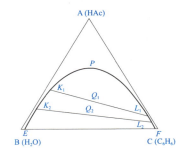

图 2-17　共轭溶液的三组分相图

三、仪器和试剂

(1)仪器:酸式滴定管(50 mL)1 支、碱式滴定管(50 mL)1 支、移液管(5 mL)1 支、具塞锥形瓶(150 mL 2 只、25 mL 4 只)、移液管(1 mL 1 支、2 mL 1 支)、刻度移液管(10 mL 1 支、20 mL 1 支)。

(2)试剂:苯(分析纯)、冰醋酸(分析纯)、氢氧化钠溶液(0.20 mol/L)、酚酞指示剂。

四、实验步骤

1. 测定互溶度曲线

在洁净的酸式滴定管内装水。用移液管移取 10.00 mL 苯及 4.00 mL 乙酸,置于干燥的 100 mL 具塞锥形瓶中,然后在不停地摇动下慢慢地滴加水,至溶液由清澈变浑浊时即为终点,记下水的体积。向此瓶中加入 5.00 mL 乙酸,使体系成为均相,继续用水滴定至终点。然后依次用同样方法加入 8.00 mL、8.00 mL 乙酸,分别再用水滴至终点,记录每次各组分的用量。最后一次加入 10.00 mL 苯和 20.00 mL 水,加塞摇动,并每间隔 5 min 摇动一次,30 min 后用此溶液测定连接线。

另取一只干燥的 100 mL 具塞锥形瓶,用移液管移入 1.00 mL 苯及 2.00 mL 乙酸,用水滴至终点。之后依次加入 1.00 mL、1.0 mL、1.0 mL、1.0 mL、2.0 mL、10.0 mL 乙酸,分别用水滴定至终点,并记录每次各组分的用量。最后加入 15.00 mL 苯和 20.00 mL 水,加塞摇动,每隔 5 min 摇一次,30 min 后用于测定另一条连接线。

2. 测定连接线

将上述所得两份溶液(0.5 h 后)分别倒入两个干净的分液漏斗,待溶液分层后,分别将各层液体倒入干净的磨口锥形瓶中。用干燥的移液管分别吸取上述上层液约 5 mL、下层液约 1 mL 于已称重的 25 mL 具塞锥形瓶中，准确称量，然后用水洗入 150 mL 锥形瓶中，以酚酞为指示剂，用 0.20 mol/L 标准氢氧化钠溶液滴定，计算乙酸的质量分数。

五、数据记录与处理

(1) 实验室温度：_____ ℃；实验室大气压：_____ Pa。

(2) 从附录中查得实验温度时苯、乙酸和水的密度。

(3) 根据实验数据及试剂的密度，算出各组分的质量百分含量。将上述所得组成数据在三角形坐标纸上作图，即得溶解度曲线。

(4) 连接线的绘制。

1) 计算二瓶中最后乙酸、苯、水的质量分数，标在三角形坐标纸上，即得相应的物系点 Q_1 和 Q_2。

2) 将标出的各相乙酸含量点画在溶解度曲线上，上层乙酸含量画在含苯较多的一边，下层画在含水较多一边，即可作出 K_1L_1 和 K_2L_2 连接线，它们应分别通过物系点 Q_1 和 Q_2。

六、注意事项

(1) 实验所用盛取苯和乙酸的滴定管和移液管要干燥而洁净，加苯和乙酸时要快而准，但不能快到连续滴下。

(2) 滴定过程不要太快，并要不断摇荡。

(3) 用水滴定时如果超过终点，则可再滴几滴乙酸至由浑变清时方可作为终点，记下实际各液体用量。在滴定最后几个点时，终点是逐渐变化的，需滴至出现明显浑浊时方可作为终点。

(4) 在实验过程中注意防止或尽可能减少苯和醋酸的挥发。

七、思考题

(1) 如果连接线不通过物系点，其原因可能是什么？

(2) 当体系组成分别在溶解度曲线上方及下方时，这两个体系的相数有什么不同？在本实验中是如何判断体系总组成正处于溶解度曲线上方的？此时为几相？

(3) 温度升高，此三组分体系的溶解度曲线会发生什么样的变化？

八、实验讨论与拓展

(1) 该相图的另一种测绘方法：在两相区内以任一比例将此三种液体混合并置于一定的温度下，使之平衡，然后分析互成平衡的二共轭相的组成，在三角坐标纸上标出这些点，且连成线。此法较为烦琐。

(2) 含有两固体(盐)和一液体(水)的三组分体系相图的绘制常用湿渣法。原理是平衡的固、液分离后，其滤渣总带有部分液体(饱和溶液)，但它的总组成必定是在饱和溶液和纯固相组成的连接线上。因此，在定温下配制一系列不同相对比例的过饱和溶液，然后过滤，分别分析溶液和滤渣的组成，并将其连成直线，这些直线的交点即为纯固相的成分，由此也可知该固体是纯物质还是复盐。

第三章　电化学实验

实验十　电导率的测定及其应用

一、实验目的

(1) 了解溶液电导、电导率、摩尔电导率等基本概念。
(2) 掌握用电桥法测量溶液电导的原理和方法。
(3) 了解浓度对弱电解质电导的影响,测定溶液的电导,计算弱电解质电离平衡常数。

二、实验原理

醋酸在溶液中电离达到平衡时,有电离反应式:$HAc = H^+ + Ac^-$。

设未离解时 HAc 的浓度为 c,其电离度为 α,电离平衡时,$c_{HAc} = c(1-\alpha)$,$c_{H^+} = c_{Ac^-} = c\alpha$,则 HAc 的电离平衡常数 K_c 为

$$K_c = \frac{c\alpha^2}{1-\alpha} \tag{3-1}$$

醋酸溶液的电离度可用电导法来测定。电导的物理意义:当导体两端的电势差为 1 V 时所通过的电流强度。即电导=电流强度/电势差。因此,电导是电阻的倒数,在电导池中,电导的大小与两极之间的距离 l 成反比,与电极的表面面积 A 成正比。

$$G = \kappa \frac{A}{l} \tag{3-2}$$

式中,κ 称为电导率或比电导,即 l 为 1 m、A 为 1 m² 时溶液的电导。

电解质溶液的电导率不仅与温度有关,还与溶液的浓度有关,因此,通常用摩尔电导率 Λ_m 来衡量电解质溶液的导电能力。摩尔电导率是指把含 1 mol 电解质的溶液全部置于相距为 1 m 的两电极之间所具有的电导。摩尔电导率与电导率之间的关系如下

$$\Lambda_m = \kappa/c \tag{3-3}$$

式中,c 为溶液的浓度(mol/L)。

一定温度下,溶液的摩尔电导率与离子的真实浓度成正比,因而也与弱电解质的电离度成正比,所以 HAc 溶液的电离度 α,可以用物质的量浓度为 c 的摩尔电导率 Λ_m 与溶液的极限摩尔电导率 Λ_m^∞ 之比来表示,即

$$\alpha = \frac{\Lambda_m}{\Lambda_m^\infty} \tag{3-4}$$

Λ_m^∞ 的大小等于电解质中正、负离子的极限摩尔电导率代数和。Λ_m 随电解质浓度而变,对于强电解质的稀溶液,由柯尔劳施公式得

$$\Lambda_m = \Lambda_m^\infty - A\sqrt{c} \tag{3-5}$$

式中,A 为常数,以摩尔电导率 Λ_m 对 $\sqrt{c}$ 作图可得一直线,将直线外推至 $c=0$,可以求得强电解质溶液的无限稀释摩尔电导率 Λ_m^∞。

将式(3-4)代入式(3-1),整理得

$$\frac{1}{\Lambda_m} = \frac{1}{\Lambda_m^\infty} + \frac{1}{(\Lambda_m^\infty)^2 K_c} \Lambda_m c \tag{3-6}$$

以 $1/\Lambda_m$ 对 $\Lambda_m c$ 作图得一直线,其斜率为 $1/[(\Lambda_m^\infty)^2 K_c]$,在实验中若能测出不同浓度 c 时的电导,再由电导求出摩尔电导率,查出阴、阳离子的 Λ_m^∞,则可根据直线斜率计算弱电解质的电离常数。

三、仪器和试剂

(1)仪器:SLDS-I 型数显电导率仪、DJS-1C 型铂黑电极、SYP-Ⅲ型玻璃恒温水浴、吸量管、移液管(25 mL)1 支、锥形瓶(250 mL)、量筒、蒸馏水、滤纸、洗耳球。

(2)试剂:KCl 溶液(0.10 mol/L)、HAc 溶液(0.10 mol/L)。

四、实验步骤

(1)调节恒温水槽温度为 25 ℃,打开电导率仪预热 10 min。

(2)配制 0.1 mol/L KCl 溶液 100 mL。然后移取 25 mL 0.1 mol/L KCl 溶液于锥形瓶中,在另一锥形瓶中放入 250 mL 电导水以备稀释溶液用,将两者放入恒温水池中恒温 10 min。

(3)待电导率仪稳定后,测定已恒温 KCl 溶液的电导率,读三次数,取其平均值。用蒸馏水清洗电极后浸泡于蒸馏水中待用。

(4)用移液管移取 25 mL 恒温蒸馏水于 KCl 溶液锥形瓶中,均匀混合,此时 KCl 溶液浓度为 0.05 mol/L,将其恒温 10 min。测定其电导率,读数三次,取平均值。

(5)同上法操作,用移液管分别移取(50 mL、100 mL、50 mL)已恒温蒸馏水加入 KCl 溶液锥形瓶,均匀混合,将其分别恒温 10 min。分别测定其电导率,每次测定读数三次,取其平均值。用蒸馏水清洗电极后浸泡在蒸馏水中待用。

(6)用移液管移取 25 mL 0.10 mol/L 的醋酸溶液于锥形瓶中,恒温 10 min 后测定其电导率,读数三次取平均值。用蒸馏水清洗电极后浸泡在蒸馏水中待用。

(7)分别配制(0.10/2)mol/L、(0.10/4)mol/L、(0.10/8)mol/L、(0.10/16)mol/L 的醋酸,并置于恒温水浴锅,将其分别恒温 30 min。分别测定其电导率,每次测定读数三次,取其平均值。用蒸馏水清洗电极后浸泡在蒸馏水中待用。

(8)测定相同温度下蒸馏水的电导率。即 $\kappa(HAc) = \kappa(溶液) - \kappa(蒸馏水)$。

(9)实验完毕,清洗所用仪器。整理实验台等待实验教师检查后方可离开。

五、数据记录与处理

(1)25 ℃下测定不同浓度 KCl 溶液的电导率数据。

(2)以摩尔电导率 Λ_m 对 $\sqrt{c}$ 作图得一直线,将直线外推,求算 25 ℃下 KCl 溶液的无限稀释摩尔电导率 Λ_m^∞。

(3)25 ℃下测定不同浓度 HAc 溶液的电导率,结果填入表 3-1。

(4)以 $1/\Lambda_m$ 对 $\Lambda_m c$ 作图得一直线,其斜率为 $1/[(\Lambda_m^\infty)^2 K_c]$,从附录 9 中查表求出醋酸的 Λ_m^∞,便可求得醋酸的解离平衡常数 K_c,并根据公式计算解离度 α。

表 3-1 不同浓度醋酸溶液的电导率

溶液浓度/(mol·L^{-1})	电导率 κ/(S·m^{-1})	摩尔电导率 Λ_m /(S·m^2·mol^{-1})	$1/\Lambda_m$ /(S·m^2·mol^{-1})	$\Lambda_m c$ /(S·m^2·mol^{-1})
0.10				
0.10/2				

六、实验注意事项

(1)使用电极时要小心谨慎,每次测量完毕都要用蒸馏水冲洗后浸泡在蒸馏水中,切忌不可测完直接浸泡在蒸馏水中。实验过程中严禁用手触及电导池内壁和电极。

(2)当电极从蒸馏水中取出进行测量时,要用滤纸将电极上的水吸干,并用被测溶液多次荡洗电导池和电极,以保证被测溶液的浓度与容量瓶中溶液的浓度一致。

(3)每次加完蒸馏水后要充分振荡锥形瓶使溶液混合均匀。

(4)为了提高实验精度,实验中的一切操作都必须采用电导水。常用的电导水是用离子交换树脂来制备的。为了除去其中的 CO_2,要通入氮气几分钟。

七、思考题

(1)请分析该实验误差产生的原因。
(2)使用电极时应该注意什么?
(3)为什么要测定同温度下蒸馏水的电导率?

八、实验讨论与拓展

(1)普通蒸馏水是电的不良导体,但由于含有杂质,如氧、二氧化碳等,其电导率变化很大,以致在精密研究中影响测量结果,当测量稀溶液或弱电解质时,会引起较大误差,所以必须使用电导水。电导水的电导率通常为 10^{-4} S/m 或更小。

(2)实际过程中,若电导池常数发生改变,则会对平衡常数测定有影响。溶液电导一经测定,则正比于 K_{cell}。即电导池常数测值偏大,则算得的溶液的溶解度、电离常数都偏大,反之,电导池常数测值偏小,则电离常数偏小。

(3)铂黑电极上镀铂黑是为了增大电极面积,减小电流密度,防止电极极化。使用时需注意以下几点:

1)不可直接擦拭铂黑电极,防止铂黑脱落。

2)不使用时需将铂黑电极浸泡在去离子水中,防止电极干燥。
3)在冲洗时注意不要碰损铂黑或电极其他部位。

实验十一 电极制备和电池电动势的测定

一、实验目的

(1)掌握对消法测定电池电动势的原理。
(2)学会铜电极、锌电极的制备和处理方法。
(3)学会用数字电位差综合测试仪测定电池的电动势和电极电势。

二、基本原理

将化学能转变为电能的装置叫作电池。原电池由正、负两个电极组成,电池在放电过程中,负极发生氧化反应,正极发生还原反应,电池反应是电池中所有反应的总和。电池的电动势等于两个电极电势的差值,即

$$E = E_+ - E_- \tag{3-7}$$

式中,E_+ 为正极的电极电势,E_- 为负极的电极电势。

在一定温度下,电极电势的大小决定于电极的性质和溶液中有关离子的活度。由于电极电势的绝对值不能测量,在电化学中,通常将标准氢电极的电极电势定为零,其他电极的电极电势值是与标准氢电极比较而得到的相对值,即假设标准氢电极与待测电极组成一个电池,并以标准氢电极为负极,待测电极为正极,这样测得的电池电动势数值就作为该电极的电极电势。由于使用标准氢电极条件要求苛刻,难以实现,故常用一些制备简单、电势稳定的可逆电极作为参考电极来代替,如甘汞电极、银-氯化银电极等。这些电极与标准氢电极比较而得到的电势值易精确测出,在物理化学手册中可以查到。附表6中列出25 ℃时,以水为溶剂的各种电极的标准电极电势。

锌-铜电池,其电池表示式为

$$Zn \mid ZnSO_4(0.100 \text{ mol/L}) \parallel CuSO_4(0.100\ 0 \text{ mol/kg}) \mid Cu(s)$$

负极反应:$Zn(s) \rightarrow Zn^{2+} + 2e$
正极反应:$Cu^{2+} + 2e \rightarrow Cu(s)$
电池总反应:$Zn(s) + Cu^{2+} \rightarrow Zn^{2+} + Cu(s)$
根据能斯特方程,锌电极的电极电势为

$$E_- = E(Zn^{2+} \mid Zn) = E^{\theta}(Zn^{2+} \mid Zn) - \frac{RT}{2F} \ln \frac{a(Zn)}{a(Zn^{2+})} \tag{3-8}$$

铜电极的电极电势为

$$E_+ = E(Cu^{2+} \mid Zn) = E^{\theta}(Cu^{2+} \mid Cu) - \frac{RT}{2F} \ln \frac{a(Cu)}{a(Cu^{2+})} \tag{3-9}$$

所以锌-铜电池的电动势为

$$E = E_+ - E_- = E^\theta(Cu^{2+} | Cu) - E^\theta(Zn^{2+} | Zn) - \frac{RT}{2F} \ln \frac{a(Cu)a(Zn^{2+})}{a(Cu^{2+})a(Zn)} \quad (3\text{-}10)$$

$$E^\theta = E^\theta(Cu^{2+} | Cu) - E^\theta(Zn^{2+} | Zn) \quad (3\text{-}11)$$

纯固体的活度为 1，$a(Zn) = a(Cu) = 1$，所以得

$$E = E^\theta - \frac{RT}{2F} \ln \frac{a(Zn^{2+})}{a(Cu^{2+})} \quad (3\text{-}12)$$

对于单个离子，其活度因子是无法测定的，故常近似认为 $\gamma_+ = \gamma_\pm$，强电解质单个离子活度 a_+ 与物质的质量摩尔浓度及平均活度因子之间有以下关系：

$$a_+ = \gamma_+ \frac{b_+}{b^\theta} = \gamma_\pm \frac{b_+}{b^\theta} \quad (3\text{-}13)$$

式中，b_+ 为正离子的质量摩尔浓度；$\gamma_\pm$ 为离子平均活度因子，其数值大小与物质浓度、离子的种类、实验温度等因素有关。将式(3-13)代入式(3-12)得

$$E = E^\theta - \frac{RT}{2F} \ln \frac{\gamma_\pm b(Zn^{2+})/b^\theta}{\gamma_\pm b(Cu^{2+})/b^\theta} \quad (3\text{-}14)$$

同理，甘汞-铜电池的电池表示式为

$$Hg(l) | Hg_2Cl_2(s) | KCl(饱和) \| CuSO_4(0.100 \text{ mol/L}) | Cu(s)$$

负极反应：$2Hg(l) + 2Cl^-(饱和) \rightarrow Hg_2Cl_2(s) + 2e$。

正极反应：$Cu^{2+}(0.100 \text{ mol/L}) + 2e \rightarrow Cu(s)$。

电池总反应：$2Hg(l) + 2Cl^-(饱和) + Cu^{2+}(0.100 \text{ mol/L}) \rightarrow Hg_2Cl_2(s) + Cu(s)$。

甘汞-铜电池的电动势为

$$E = E(Cu^{2+} | Cu) - E_{甘汞} = E^\theta(Cu^{2+} | Cu) - \frac{RT}{2F} \ln \frac{1}{\gamma_\pm b(Cu^{2+})/b^\theta} - E_{甘汞} \quad (3\text{-}15)$$

本实验是在实验温度下测定电极电势，可根据饱和甘汞电极的电极电势的温度校正公式，计算实验温度下其电极电势值：

$$E_{饱和甘汞}(V) = 0.2415 - 7.61 \times 10^{-4}[T(K) - 298] \quad (3\text{-}16)$$

电池电动势不能用伏特计直接测量。因为当把伏特计与电池接通后，由于电池放电，不断发生化学变化，电池中溶液的浓度将不断改变，因而电动势值也会发生变化。另一方面，电池本身存在内电阻，所以伏特计所量出的只是两极上的电势降，而不是电池的电动势，只有在没有电流通过时的电势降才是电池真正的电动势。电位差计是利用对消法原理设计的电势差测量仪器，即能在电池无电流(或极小电流)通过时测得其两极的电势差，这时的电势差就是电池的电动势。目前数字电位差计已广泛应用(使用方法详见第七章第七节)。

另外，当两种电极的不同电解质溶液接触时，在溶液的界面上总有液体接界电势存在。在电动势测量时，常应用"盐桥"连接可产生显著液体接界电势的两种溶液，使两者不直接接界，降低液体接界电势到毫伏数量级以下。用得较多的盐桥有 KCl、NH_4NO_3 等溶液。

三、仪器和试剂

(1)仪器：数字式电位差计1台、数字恒流稳压电源1台、铜电极2支、锌电极1支、饱和甘汞电极1支、烧杯(50 mL)4个、烧杯(250 mL)1个、洗耳球1个。

(2)试剂：$CuSO_4$ 溶液(0.1000 mol/L)、$ZnSO_4$ 溶液(0.1000 mol/L)、HNO_3 溶液

（6 moL/L）、饱和 $Hg_2(NO_3)_2$ 溶液、浓硫酸（98%）、KCl、$CuSO_4 \cdot 5H_2O$。

四、实验步骤

(一)电极制备

1. 铜电极的处理和制备

（1）配制镀铜溶液：取 100 mL 蒸馏水于大烧杯，依次向内加入 15 g $CuSO_4 \cdot 5H_2O$、2.72 mL 浓 H_2SO_4（98%）、6.33 mL 无水乙醇，搅拌至溶解。

（2）酸洗：将铜电极放入 6 mol/L 稀硝酸中浸洗，除去表面氧化层，用蒸馏水淋洗。

（3）镀铜：把酸洗后的铜电极作为阴极，另取一大的纯铜片作为阳极，分别与数字恒流稳压电源相连，在镀铜溶液内进行电镀。铜电极接"—"，大铜片电极接"＋"。

电镀过程：先将数字恒流稳压电源的粗调旋钮、细调旋钮都调到最小。打开电源开关，调整电流使电流密度控制在 10 mA/cm^2 左右，电镀时间 20～30 min。待电极表面有一层紧密的镀层后取出，依次用水、蒸馏水和 0.10 mol/kg 的 $CuSO_4$ 溶液淋洗。

（4）组成铜电极：用移液管移取 50 mL 0.10 mol/kg 的 $CuSO_4$ 溶液于小烧杯，将镀好的铜电极放入 $CuSO_4$ 溶液，即制得铜电极。

2. 锌电极的处理和制备

（1）电极表面处理：先用 0 号细砂纸轻轻地把锌电极擦亮，用蒸馏水洗净后，插入饱和 $Hg_2(NO_3)_2$ 溶液中 3～5 s，使锌表面形成一层均匀的锌汞齐，取出后用镊子夹一小块滤纸轻轻擦拭电极，擦去表面灰色 ZnO，用蒸馏水冲洗，再用 0.10 mol/L 的 $ZnSO_4$ 溶液冲洗。

注意：$Hg_2(NO_3)_2$ 有剧毒，擦过电极的滤纸不要乱扔，放入指定的有盖的广口瓶，瓶中应有水淹没滤纸。

（2）组成铜电极：取 50 mL 0.10 mol/L 的 $ZnSO_4$ 溶液于小烧杯，将干燥的汞齐化的锌电极放入 $ZnSO_4$ 溶液，即制得锌电极。

3. 甘汞电极处理和制备

（1）配制饱和 KCl 溶液：取 50 mL 蒸馏水于小烧杯，向其中加入 KCl 固体不断搅拌，直到溶液底部有少量晶体不再溶解为止。

（2）检查甘汞电极中的 KCl 饱和溶液是否装满，若未满，将侧面黑色小胶塞取下，用滴管从侧孔加入饱和 KCl 溶液至装满。电极内若无晶体应加入少量 KCl 晶体。

（3）组成甘汞电极：取下甘汞电极下面的黑色胶套，将甘汞电极放入盛有饱和 KCl 溶液的烧杯，即制得甘汞电极。

(二)电池电动势的测定

1. 锌-铜电池电动势的测定

以饱和 KCl 溶液为盐桥，连通 $CuSO_4$ 和 $ZnSO_4$ 溶液，组成锌-铜电池。使锌电极与"—"相连，铜电极与"＋"相连，接入电位差计的测量端，测量 Zn｜$ZnSO_4$（0.100 mol/L）‖$CuSO_4$（0.100 0 mol/kg）｜Cu 电池的电动势。

将 $CuSO_4$ 溶液的浓度稀释为原来的二分之一，即用移液管从小烧杯中移出 25 mL $CuSO_4$，再移入 25 mL 蒸馏水，搅拌均匀，测量 Zn｜$ZnSO_4$（0.100 mol/L）‖$CuSO_4$

(0.050 mol/L)｜Cu 电池的电动势。

2. 甘汞-铜电池电动势的测定

以饱和 KCl 溶液为盐桥，连通 KCl 和 CuSO$_4$ 溶液，组成甘汞-铜电池。使甘汞电极与"－"相连，铜电极与"＋"相连，接入电位差计的测量端，测量 Hg｜Hg$_2$Cl$_2$｜KCl(饱和)‖CuSO$_4$(0.100 mol/L)｜Cu 电池的电动势。

五、数据记录和处理

(1)实验室温度：_____℃；实验室大气压：_____Pa。
(2)记录不同原电池电动势的测定结果，填入表 3-2。

表 3-2 不同原电池及电动势的测量和计算数据

序号	电池	$E_{实验}$/mV	$E_{理论}$/mV	相对误差	$E_{(Cu^{2+}/Cu)实}$/mV
1	Zn｜ZnSO$_4$(0.100 mol/L)‖CuSO$_4$(0.100 mol/L)｜Cu				
2	Zn｜ZnSO$_4$(0.100 mol/L)‖CuSO$_4$(0.050 mol/L)｜Cu				
3	Hg｜Hg$_2$Cl$_2$｜KCl(饱和)‖CuSO$_4$(0.100 mol/L)｜Cu				

(3)计算上述电池电动势的理论值(一些常见电解质的活度系数见附表 10)，并与实验值进行比较，计算出相对误差，所得数据填入表 3-2。任选一个电池写出计算过程。
(4)根据式(3-14)，计算实验温度下饱和甘汞电极的电极电势。
(5)根据测定的第三个电池的电动势，计算铜电极的电极电势。

六、实验注意事项

(1)甘汞电极内必须充满 KCl 饱和溶液，并注意在电极槽内应有固体 KCl 存在，以保证在所测温度下为饱和溶液。
(2)甘汞电极使用时，应该取下侧面加液孔的塞子，使其与大气连通，以免引起误差。
(3)组成甘汞电极时，要先取下甘汞电极下面的黑色保护套，再放入饱和 KCl 溶液。
(4)镀铜时，要避免两个电极相接触，否则会发生短路现象，烧毁恒流稳压电源。
(5)盐桥两端要形成凸面，管中不得有气泡。
(6)电位差计测电池电动势时，每测一次前都需用标准电池校正，否则因工作电池放电而改变了工作电流，致使电位差计的刻度不等于实际电动势值。
(7)测量结束时，各开关复位，倍率开关扳回"断挡"位置。

七、思考题

(1)为什么在测量原电池电动势时，要采用对消法进行测量而不能使用伏特计？
(2)盐桥的作用是什么？作为盐桥的电解质溶液有何要求？
(3)在测量电动势过程中，若检流计指针总往一个方向偏转，可能是什么原因？

八、实验讨论与拓展

电动势的测量方法属于平衡测量，在测量过程中尽可能做到在可逆条件下进行。为此应注意以下几点：

(1) 测量前可根据电化学基本知识初步估算一下被测电池的电动势大小，以便在测量时能迅速找到平衡点，避免电极极化。

(2) 要选择最佳实验条件使电极处于平衡状态。制备锌电极要锌汞齐化，成为 Zn(Hg)，而不直接用锌片。因为锌片中不可避免地会含有其他金属杂质，在溶液中本身会成为微电池，锌电极电势较低（标准电极电势为 -0.7627 V)，在溶液中，氢离子会在锌的杂质（金属）上放电，且锌是较活泼的金属，易被氧化。如果直接用锌片做电极，将严重影响测量结果的准确度。锌汞齐化能使锌溶解于汞中，或者说锌原子扩散在惰性金属汞中，处于饱和的平衡状态，此时锌的活度近似为 1，氢在汞上的超电势较大，在该实验条件下，不会释放出氢气。所以汞齐化后，锌电极易建立平衡。制备铜电极也应注意，电镀前，铜电极基材表面要求平整清洁，电镀时，电流密度不宜过大，一般控制在 10 mA/cm² 左右，以保证镀层致密。电镀后，为防止镀层氧化，应尽快洗净，置于电极管，用溶液浸没，并尽快进行测量。

(3) 电池必须在可逆的情况下工作。但严格说来，本实验测定的并不是可逆电池。因为当电池工作时，除在负极进行氧化和在正极进行还原反应外，在 $ZnSO_4$ 和 $CuSO_4$ 溶液交界外还要发生 Zn^{2+} 向 $CuSO_4$ 溶液中扩散过程。而且当有外电流反向流入电池中时，电极反应虽然可以逆向进行，但是在两溶液交界处离子的扩散与原来不同，是 Cu^{2+} 向 $ZnSO_4$ 溶液中迁移。因此，整个电池的反应实际上是不可逆的。但是由于在组装电池时，溶液之间插入"盐桥"，可近似地当作可逆电池来处理。

实验十二　极化曲线的测定

一、实验目的

(1) 掌握用恒电流和恒电位法测定金属极化曲线的原理和方法。
(2) 了解极化曲线的意义和应用。
(3) 测定 Cl^- 浓度对 Ni 钝化的影响。

二、实验原理

1. 金属的钝化

为了探索电极过程的机理及影响电极过程的各种因素，必须对电极过程进行研究，其中，极化曲线的测定是重要的方法之一。在研究可逆电池的电动势和电池反应时，电极上几乎没有电流通过，每个电极或电池反应都是在无限接近平衡下进行的，因此，电极反应是可逆的。但当有电流明显地通过电池时，则电极的平衡状态被破坏，此时，电极反应处于不可逆状态，随着电极上电流密度的增加，电极反应的不可逆程度也随之增大。在有电流通过电极时，由于电极反应的不可逆而使电极电位偏离平衡值的现象称作电极的极化。

描述电流密度与电极电位之间关系的曲线称作极化曲线,如图3-1所示。图中$A-B$:活化溶解区;B:临界钝化点;$B-C$:过渡钝化区;$C-D$:稳定钝化区;$D-E$:超钝化区。

金属的阳极过程是金属作为阳极在一定外电势下发生的阳极溶解过程,即

$$M \rightarrow M^{n+} + ne$$

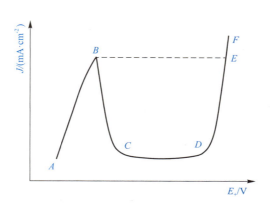

图 3-1 极化曲线示意

此过程只有在电极电位正到其热力学电位时才能发生。阳极的溶解速度随电位变正而逐渐增大。这是正常的阳极溶出。但当阳极电位正到某一数值时,其溶解速度达到一最大值。此后阳极溶解速度随着电位变正,反而大幅度地降低,这种现象称为金属的钝化现象。图3-1的钝化曲线表明,电位从A点开始,随着电位向正方向移动,电流密度也随之增加,超过B点以后,电流密度迅速减至很小,金属开始发生钝化,B点电势称为临界钝化电势,对应的电流密度称为临界钝化电流。C点以后,电位继续上升,电流仍保持在一个基本不变的很小的数值上,该电流称为维钝电流。直到电势升到D点,电流才又随电位的上升而增大,DE为过钝化区,可能产生高价金属离子,也可能水分子放电析出氧气。

2. 极化曲线的测量

(1)恒电流法:将研究电极的电流密度依次恒定在不同的数值下,测量其相应的稳定电极电势值。采用恒电流法测定的极化曲线只得到$ABEF$线,测不出$BCDE$段,因此,需用恒电位法测定钝化金属完整的阳极极化曲线。

(2)恒电位法:将研究电极上的电位维持在某一数值上,然后测量对应于该电位下的电流。由于电极表面状态在未建立稳定状态之前,电流会随时间而改变,故一般测出的曲线为"暂态"极化曲线。在实际测量中,常采用的控制电位测量方法有以下两种:

1)静态法:将电极电位较长时间地维持在某一恒定值,同时测量电流随时间而变化,直到电流值基本上达到某一稳定值。如此逐点地测量各个电极电位(如每隔20 mV、50 mV或100 mV)下的稳定电流值,以获得完整的极化曲线。

2)动态法:控制电极电位以较慢的速度连续地改变(扫描),并测量对应电位下的瞬时电流值,并以瞬时电流与对应的电极电位作图,获得完整的极化曲线。所采用的扫描速度(电位变化的速度)需要根据研究体系的性质选定。一般来说,电极表面建立稳态的速度越慢,则扫描速度也应越慢,这样才能使所测得的极化曲线与采用静态法的相接近。

三、仪器和试剂

(1)仪器：HDY-Ⅰ恒电位仪1台(图3-2)、研究电极1支、辅助电极1支、饱和甘汞电极(参比电极)1支、三电极电解池、金相砂纸。

(2)试剂：H_2SO_4(分析纯)、KCl(分析纯)、蒸馏水。

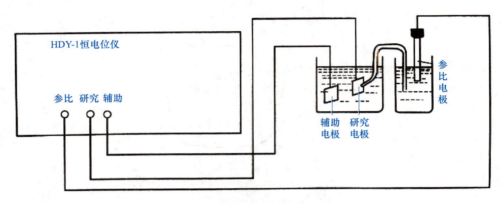

图3-2 恒电位仪装置示意

四、实验步骤

(1)电极处理：用金相砂纸将电极打磨至镜面光亮，蒸馏水冲洗干净，擦干后浸入稀硫酸浸泡约1 min，除去表面氧化膜，用水清洗后以滤纸吸干。每次测量前重复此步骤。

(2)打开恒电位仪电源，并将电流量程置于1 mA；内给定旋钮左旋到底，预热10 min。

(3)电解池中倒入0.01 mol/L H_2SO_4，按图3-2连接好线路(蓝线接研究电极，红线接辅助电极，有小盒的红线接参比电极)，注意打磨好的电极做研究电极，静止8 min。

(4)通过"工作方式"按键选择"参比"，"负载"选择"电解池"，"通/断"选择"通"，此时显示的是研究电极相对于参比电极的平衡电势。

(5)按"通/断"键，选择"断"；工作方式选择"恒电位"，"负载"选择"模拟"，再按"通/断"按键为"通"，调节内给定旋钮(微调)，使电压显示与平衡电势值相同。

(6)将"负载"选择"电解池"，调节内给定电压，使研究电极电势每次减小40 mV。稳定1 min，待电流稳定后，记录电极电势和相应的电流值。如此反复，直至研究电极电势到-1.55 V时为止。

(7)原有的溶液中添加氯化钾溶液，配制成0.01 mol/L H_2SO_4+0.004 mol/L KCl的溶液，重复上述步骤，同样记录电极电势和相应的电流值。

(8)实验完毕，按"通/断"键调到"断"，关闭电源，将电极取出清洗干净。

五、数据记录和处理

(1)实验室温度：_____℃；实验室大气压：_____Pa。

(2)记录实验过程中电极电势和相应的电流值。
(3)以电流密度为纵坐标,电极电势为横坐标,绘出阳极的极化曲线。
(4)讨论所得实验结果极化及曲线的意义,在图上找出$E_{钝化}$、$i_{钝化}$及钝化区间。

六、实验注意事项

(1)每次测量前,工作电极必须用金相砂纸打磨和清洗干净。
(2)在实验中,若电压或电流值超出量程溢出,应及时转换电流量程开关或减小内给定值,避免电流过载可能导致的仪器损坏。
(3)工作电极要与鲁金毛细管尽可能靠近,但管口离电极表面的距离不能小于毛细管本身的直径,且每次测定时工作电极与鲁金毛细管之间的距离应保持一致。

七、思考题

(1)比较恒电位法和恒电流法所得到的极化曲线有何异同?说明原因。
(2)测定阳极极化曲线为什么要用恒电位法?
(3)做好本实验的关键是什么?

八、实验讨论与拓展

(1)三电极系统。被研究电极过程的电极称为研究电极或工作电极;与工作电极构成电流回路,以形成对研究电极极化的电极称为辅助电极(也称为对电极),其面积通常较研究电极大,以降低该电极上的极化度;参比电极是测量研究电极的电极电势的比较标准,与研究电极组成测量电池。参比电极是一个电极电势已知且稳定的可逆电极,其稳定性与重现性好。为减小电极电势测试过程中的溶液电势降,通常在两者之间以鲁金毛细管相连,鲁金毛细管应尽量但不能无限制地靠近研究电极表面,以防止对研究电极表面的电力线分布造成屏蔽效应。

(2)电化学稳态的含义。在指定的时间内,被研究的电化学系统的参量(包括电极电势、极化电流、电极表面状态、电极周围反应物和产物的浓度分布等),随时间变化甚微,该状态通常称为电化学稳态。电化学稳态不是化学平衡态,实际上真正的稳态并不存在,稳态只具有相对的含义。

九、计算机处理数据

利用 Origin 软件绘制金属的阳极极化曲线。

1. 输入数据

打开 Origin 软件,在"Worksheet"列表中输入电势 $E(V)$ 为 X 轴,电流密度 i(mA/cm^2)为 Y 轴的 A 组(镍在 0.01 mol/L H$_2$SO$_4$ 中)全部数据。

然后,在"File"菜单中选择"New",再选择"NewWorksheet"。在新的数据表内以电势 $E(V)$ 为 X 轴,电流密度 i(mA/cm^2)为 Y 轴输入 B 组(镍在 0.01 mol/L H$_2$SO$_4$ + 0.004 mol/L KCl)的全部数据。

2. 作 A 组数据的散点图

选择样品 A 的数据表，在"Plot"菜单下选择"Scatter"，可以得到样品 A 的散点图。

3. 绘制 A、B 两组数据图

为了在图上增加样品 B 的数据，在"graph1"中右击选择"Layer Contents"，在出现的"Layer1"对话框中将"Data2 B"（B 组数据）选中，单击"OK"按钮就可以同时得到两组数据图。

4. 完善数据图形

在"graph1"中分别选中 A、B 两组数据点，右击选择"change plot to"，然后单击"line＋symbol"。双击边框，单击"Title& Format"，在左侧的"Selection"中，选择"Show Axis &Tick"→"Left"和"Bottom"，在"Major"中和"Minor"中都选择"in"；选择"Top"和"Right"，在"Major"中和"Minor"中，都选择"None"，然后单击"确定"按钮，即可得金属 Ni 的阳极极化曲线。

实验十三　中药的离子透析

一、实验目的

(1) 掌握离子透析的原理。
(2) 学会电导率仪的使用方法；简单了解其应用。

二、实验原理

近年来临床上常用中药通过离子透析的方式来治疗疾病，此法对某些疾病的疗效很显著，在治疗中无不适之感，易于被人们接受。

该法的治疗原理是在电场的作用下，药液中的离子向电性相反的电极迁移，离子在迁移过程中透过皮肤进入肌体内部，起到治疗作用。然而，凡是起到治疗作用的离子无论是阳离子还是阴离子，都必须能透过皮肤，否则起不到治疗疾病的作用。

确定某一药物是否可用于离子透析法治疗，决定于两点：有效成分必须是离子；粒子大小必须小于或等于 1 nm。

本实验的根据：皮肤是半透膜，人造的火棉胶也是一种半透膜，其特点是允许某些离子自由通过，而有些离子（如高分子离子）不能通过。其通透性和皮肤相似，可用火棉胶代替皮肤进行探讨。

三、仪器和试剂

(1) 仪器：电泳仪 1 台，直流稳压电源 1 台，电导率仪 1 台，安培计 1 台，秒表 1 只，石墨电极（或铂电极）2 个，电键、导线若干，烧杯（1 000 mL）6 个，烧杯（100 mL）3 个，量筒（50 mL）1 个，火棉胶液。

(2)试剂:乙醚(分析纯)、无水乙醇(分析纯)、黄芪、当归、金银花。

四、实验步骤

(1)测定自来水的电导:将 50 mL 自来水装入 100 mL 烧杯,测定其电导率。
(2)测定蒸馏水的电导:将 50 mL 蒸馏水装入 100 mL 烧杯,测定其电导率。
(3)药液的制备:取 5 g 黄芪置于 500 mL 烧杯,加入 50 mL 蒸馏水煎煮 30 min(或用热蒸馏水浸泡 30 min),减压抽滤,取滤液备用。同法分别制备当归、金银花煎煮药液。
(4)药液电导率的测定:将 50 mL 黄芪煎煮液装入 100 mL 烧杯,测定其电导率。同法分别测定当归、金银花煎煮液的电导率。
(5)中药离子透析液电导率的测定:在制备好的 2 个半透膜袋中均装入 3 mL 的黄芪煎煮液,分别放入已注入一定量蒸馏水的电泳仪中,使液面距电泳仪管口约 3 cm,在不同时间时测定其(无电场存在时的)电导率。然后将两电极插入电泳仪两侧的支管,接好线路使电路接通,再于不同时间[5、10、20、30(min)]时测定其(有电场存在时的)电导率。
用同样的方法分别测定当归、金银花的电导率。

五、数据记录与处理

(1)实验室温度:_____ ℃;实验室大气压:_____ Pa。
(2)将测定的自来水、蒸馏水,以及当归、黄芪、金银花煎煮液电导率数据填入表3-3。

表 3-3 不同液体的电导率

样品名称	自来水	蒸馏水	黄芪煎煮液	当归煎煮液	金银花煎煮液
电导率/$(S \cdot m^{-1})$					

(3)将不同时间分别测定的当归、黄芪、金银花煎煮液的电导率数据填入表3-4。

表 3-4 有、无电场下,黄芪、当归、金银花不同时间透析液的电导率

时间/min	黄芪电导率/$(S \cdot m^{-1})$		当归电导率/$(S \cdot m^{-1})$		金银花电导率/$(S \cdot m^{-1})$	
	无电场	有电场	无电场	有电场	无电场	有电场
5						
……						

六、实验注意事项

(1)正确应用电导率仪的单位。
(2)使用电极时要小心谨慎,每次测量完毕都要用蒸馏水冲洗后浸泡在蒸馏水中,不可测完直接浸泡在蒸馏水中。实验过程中严禁用手触碰电导池内壁和电极。
(3)当电极从蒸馏水中取出进行测量时,要用滤纸将电极上的水吸干后再置于待测溶液中进行测量。

七、思考题

为什么从皮肤给药能起到治疗疾病的效果？

八、实验讨论与拓展

(1)并不是所有药物都可以用离子透析法，只有有效成分是离子的药物才可以考虑离子透析法。因为在电场的作用下，只有离子会定向运动，分子不会定向运动。

(2)通过实验可以得出，药物离子在电场作用下渗析速度大于无电场的情况。

实验十四　离子迁移数的测定

一、实验目的

(1)掌握希托夫法测定电解质溶液中离子迁移数的基本原理和方法。
(2)明确离子迁移数的概念。
(3)学习并掌握电量计的使用方法。

二、实验原理

电解质溶液中电流的传导是由离子的定向运动来实现的。在外加电场作用下，电解质溶液中的阳离子向负极运动，阴离子向正极运动，这种阴、阳离子的定向运动并承担溶液导电任务的现象称为离子的电迁移。离子本身的大小、溶液对离子移动时的阻碍及溶液中其余共存离子的作用力等诸多因素，使阴、阳离子各自的移动速率不同，从而各自所携带的电荷量也不相同。某种离子所迁移的电荷量与通过溶液的总电荷量之比称为该离子的迁移数，即

$$t_+ = Q_+/Q,\ t_- = Q_-/Q \tag{3-17}$$

式中，t_+、t_- 分别为阴、阳离子的迁移数，Q_+ 和 Q_- 分别为阴、阳离子各自迁移的电荷量。Q 为通过溶液的总电量，其值为阴、阳离子运载的电荷量之和，即

$$Q = Q_+ + Q_- \tag{3-18}$$

显然

$$t_+ + t_- = 1 \tag{3-19}$$

测定离子迁移数的方法通常有希托夫法(Hittorf)、界面移动法(Moving Boundry Method)和电动势法(Electromotive Force Method)三种，本实验采用希托夫法测定离子的迁移数。希托夫法是把两个惰性电极之间的电解质溶液通过假想界面(见图3-3中的虚线)，分为阳极区、中间区和阴极区，通过测定阳离子迁出阳极区或阴离子迁出阴极区的物质的量，以及发生电极反应的物质的量，从而求得离子的迁移数。

假定图3-3中两个惰性电极之间充满1-1型电解质溶液，且阳离子的迁移速率是阴离子的3倍。当将电解池的两个电极接通直流电源并假设有 4×96 500 C(3F)电量通过时，则在任

一截面上 3 mol 阳离子向左迁移通过的同时应有 1 mol 阴离子向右迁移通过,从而保证溶液中任一截面通过的电量均为 4 F。通电后中间区电解质的物质的量和各区中溶剂水的量没有发生变化,阳极区减少的电解质的物质的量等于正离子迁出阳极区的物质的量 3 mol,阳极上有 4 mol 阴离子失去电子发生氧化反应;而阴极区减少的电解质的物质的量等于阴离子迁出阴极区的物质的量 1 mol,阴极上有 4 mol 阳离子得到电子发生还原反应。因此,有

$$\frac{Q_+}{Q_-} = \frac{阳离子迁出阳极区的物质的量}{阴离子迁出阴极区的物质的量} \tag{3-20}$$

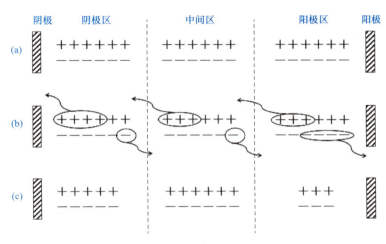

图 3-3　离子的电迁移现象

(a)通电前;(b)通电中;(c)通电后

根据迁移数的定义可以得到

$$t_+ = \frac{Q_+}{Q} = \frac{阳离子迁出阳极区的物质的量}{电极上发生反应的物质的量} \tag{3-21}$$

$$t_- = \frac{Q_-}{Q} = \frac{阴离子迁出阴极区的物质的量}{电极上发生反应的物质的量} \tag{3-22}$$

通过测定通电前、后阳极区或阴极区溶液中电解质浓度的变化,可以得到迁出阴、阳极区电解质的物质的量。在测定装置中串联一个电量计,测定通电前、后电量计中阴极的质量变化,便可得到电极上发生反应的物质的量。图 3-4 所示为希托夫法测定离子迁移数的装置。

本实验以铜电极电解 $CuSO_4$ 溶液,电解前、后阳极区溶液中 Cu^{2+} 的浓度变化有两方面的原因:一是阳极上的 Cu 单质失去电子发生氧化反应,转变为铜离子 Cu^{2+} 进入溶液;

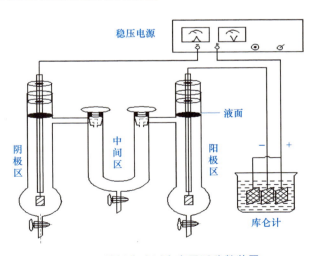

图 3-4　希托夫法测定离子迁移数装置

二是溶液中的 Cu^{2+} 在电场作用下向阴极移动，迁出阳极区。因此，通电前、后溶液中 Cu^{2+} 的物质的量关系为

$$n_{后}=n_{前}+n_{电}-n_{迁} \tag{3-23}$$

式中，$n_{前}$、$n_{后}$ 分别代表通电前、后阳极区溶液中 Cu^{2+} 的物质的量；$n_{电}$ 为通电过程中，阳极上的 Cu 单质发生氧化反应溶解到溶液中的 Cu^{2+} 的物质的量；$n_{迁}$ 表示通电过程中，迁移出阳极区的 Cu^{2+} 物质的量，故有

$$n_{迁}=n_{前}+n_{电}-n_{后} \tag{3-24}$$

$$t_{Cu^{2+}}=\frac{n_{迁}}{n_{电}}, \quad t_{SO_4^{2-}}=1-t_{Cu^{2+}} \tag{3-25}$$

三、仪器与试剂

(1) 仪器：希托夫迁移管 1 套、铜电量计 1 套、电子天平 1 台、直流稳压电源 1 台、毫安培表 1 只、铜电极 2 支、碱式滴定管(50 mL)1 支、碘量瓶(250 mL)1 只、碘量瓶(100 mL)3 只、移液管(20 mL)1 支、带刻度移液管(10 mL)4 支、电吹风机 1 台、洗耳球 1 个、细砂纸 2 张。

(2) 试剂：$CuSO_4 \cdot 5H_2O$（分析纯）、$K_2Cr_2O_7$（分析纯）、$Na_2S_2O_3$（分析纯）、HCl 溶液、H_2SO_4 溶液、HNO_3 溶液、KI（分析纯）、0.5% 淀粉指示剂、无水乙醇（分析纯）。

四、实验步骤

(1) 用蒸馏水清洗希托夫迁移管后，用少量 0.050 mol/L $CuSO_4$ 溶液洗涤希托夫迁移管 3 次，迁移管活塞下的尖端部分同样要荡洗。然后在迁移管中装入 0.050 mol/L $CuSO_4$ 溶液，迁移管中不应有气泡，将迁移管安装在固定架上。阴极和阳极用少量 0.050 mol/L $CuSO_4$ 溶液冲洗后插入迁移管。

(2) 铜电极先用细砂纸磨光，除去表面氧化层，用蒸馏水清洗后浸入 6.0 mol/L HNO_3 溶液中 5 min。取出铜片用蒸馏水冲洗，作为阳极的两片铜电极用少量 0.050 mol/L $CuSO_4$ 溶液冲洗后镀铜液的库仑计中。将铜阴极用无水乙醇淋洗一下，用电吹风机吹干，在电子天平上称其质量 $m_1(g)$ 后装入库仑计。

(3) 按图 3-4 将迁移管、毫安计、铜电量计和直流电源进行组装。接通直流稳压电源，调节电流强度在 10 mA 左右，连续通电 1.5～2.0 h，记录实验室平均室温。

(4) 通电结束后，关闭电源，并立即关闭中间区的活塞。从库仑计中取出阴极铜片，用蒸馏水冲洗后，用无水乙醇淋洗，再用电吹风机吹干，然后称其质量 $m_2(g)$。

(5) 取中间区 $CuSO_4$ 溶液 10 mL 和原始 $CuSO_4$ 溶液 10 mL，分别称重并滴定分析其浓度。若中间区溶液的滴定结果与原始的相差太大，则实验须重做。

(6) $CuSO_4$ 溶液浓度的滴定。移取 10 mL 待测的 $CuSO_4$ 溶液于碘量瓶中，依次加入 10 mL 10% 的 KI 溶液和 1 mL 2.0 mol/L 的 H_2SO_4 溶液，盖好瓶盖，振荡，置暗处反应 5 min。用 $Na_2S_2O_3$ 标准溶液滴定至淡黄色，加入 1 mL 0.50% 的淀粉指示剂，继续滴定至紫色恰好消失为终点。记录消耗 $Na_2S_2O_3$ 溶液的体积 V_2。

(7) 在 2 个碘量瓶中分别移取阴极区、阳极区的溶液各 10 mL，各区在用碘量瓶接收放出溶液前，应从迁移管活塞下端放走少量溶液，分别称重并滴定分析其浓度。

五、数据记录与处理

(1)实验室温度：_____℃；实验室大气压：_____Pa。

(2)将实验中所称量的碘量瓶净质量 $m_{瓶}$、碘量瓶加入各区溶液后的质量 $m'_{瓶}$、滴定各区 $CuSO_4$ 溶液时所用 $Na_2S_2O_3$ 溶液的体积 V_2 数据列于表 3-5。

表 3-5　希托夫法测定离子的迁移数实验数据

区域	$m_{瓶}$/g	$m'_{瓶}$/g	溶液质量($m'_{瓶}-m_{瓶}$)/g	V_2/mL
阳极区				
中间区				
阴极区				

(3)根据法拉第定律，由铜库仑计中铜阴极上所增加的质量，可以算出阳极上的单质铜在通电过程中，因氧化而溶入阳极区溶液中的物质的量 $n_{电}$。

$$n_{电}=\frac{m_2-m_1}{M_{铜}} \tag{3-26}$$

(4)各区通电结束后，取样溶液的质量 $m_{溶液}=m'_{瓶}-m_{瓶}$，其中，所含硫酸铜的质量(g)可以依据下式计算：

$$m_{CuSO_4}=\frac{c_{Na_2S_2O_3}V_{Na_2S_2O_3}M_{CuSO_4}}{1\,000} \tag{3-27}$$

(5)通过中间区的实验测试数据，用上式计算出该区 $CuSO_4$ 的质量 $m_{CuSO_4,中}$ 后，可得该区水的质量 $m_{水,中}=m_{溶液,中}-m_{CuSO_4,中}$。因此，该区每克水所含硫酸铜的质量为 $m_{CuSO_4,中}/m_{水,中}$。通电前、后中间区溶液的浓度不变，故该浓度值为通电前各区 $CuSO_4$ 溶液的浓度。

(6)由阳极区的实验测试数据，可以得出通电后该区 $CuSO_4$ 的质量 $m_{CuSO_4,阳,后}$ 和水的质量 $m_{水,阳}=m_{溶液,阳}-m_{CuSO_4,阳,后}$。因为通电过程各区的溶剂水认为不发生迁移，所以阳极区通电前所含 $CuSO_4$ 的质量为 $m_{CuSO_4,阳,前}=(m_{CuSO_4,中}/m_{水,中})m_{水,阳}$。这样，可以计算出 $n_{前}=n_{CuSO_4,阳,前}/M_{CuSO_4}$ 和 $n_{后}=m_{CuSO_4,阳,后}/M_{CuSO_4}$。

(7)得出了 $n_{电}$、$n_{前}$ 和 $n_{后}$ 值，代入式(3-24)可以求出 $n_{迁}$ 的值，再利用式(3-25)便能计算出 $t_{Cu^{2+}}$ 和 $t_{SO_4^{2-}}$。

六、实验注意事项

(1)实验中凡涉及铜电极，必须用纯度为 99.999% 的电解铜。

(2)实验过程中能引起溶液产生扩散、搅动和对流等的因素必须避免。迁移管中的阴极和阳极位置不得倒置，迁移管活塞下端应充满溶液，电极上不能附有气泡，两极上的电流密度不能太大。

(3)实验通过称量铜库仑计阴极在通电前、后的增重，计算电极上反应物质的量，是实验的关键步骤之一，因此称量需仔细进行。

(4)阴极管、阳极管上端的塞子不能塞紧。

七、思考题

(1) 本实验中，若通电前后中间区溶液浓度改变，为什么要重做实验？

(2) 实验时为什么要先标定 $Na_2S_2O_3$ 溶液的浓度，而不直接用已知浓度的 $Na_2S_2O_3$ 溶液进行实验？

(3) 影响本实验的因素有哪些？

(4) 如果以阴极区 $CuSO_4$ 溶液的浓度变化计算 $t_{Cu^{2+}}$，请推导出相应的计算公式。

八、实验讨论与拓展

(1) 测定离子迁移数的三种方法（希托夫法、界面移动法和电动势法）优点、缺点的比较。希托夫法测定离子迁移数的优点是原理简单，但测定过程中很难避免因振动、扩散、对流等造成的溶液相混，其缺点是不易得到准确的结果。界面移动法直接测定溶液中离子的移动速率，根据所用迁移管的截面面积、通电时间内界面移动的距离及通过的电荷量来计算离子的迁移数。该方法具有较高的准确度，但问题是如何获得鲜明的界面和如何观察界面移动，所以实验的条件比较苛刻。电动势法则是通过测量浓差电池的电动势和计算得到离子的迁移数。该方法也是由于实验的条件比较苛刻而不常用。

(2) 由于离子的水化作用，离子在电场作用下是带着水化壳层一起迁移的，而本实验中计算时未考虑该因素。这种不考虑水化作用测得的迁移数通常称为希托夫迁移数，或称为表观迁移数。

(3) 库仑计采用法拉第（Faraday）定律来测定通过电解池的电荷量。法拉第定律有两条基本规则：一是电解时在电极上发生反应的物质的量与通过的电荷量成正比；二是当以相同的电荷量 Q 分别通过几个串联的电解槽时，在各电极上析出物质的质量 m 与 M/z 成正比，其中，M 为物质的摩尔质量；z 为电极反应时得失的电子数，其数学表达式为

$$m = \frac{Q}{F} \frac{M}{z} \tag{3-28}$$

式中，F 是法拉第常数，表示 1 mol 电子具有的电荷量。

法拉第定律是由实验总结得出的，是一个非常准确的定律。无论在何种压力和温度下，电解过程中电极反应所得产物的量均严格服从该定律。故人们通常采用在电路中串联铜库仑计或银库仑计来测定电解反应时通过的电荷量。现如今随着电子技术的发展，也可用数字电路代替铜库仑计或银库仑计，如采用电化学工作站替代直流稳压电源和库仑计。

实验 15　电动势法测定难溶盐的溶度积

一、实验目的

1. 学会用数字电位差综合测试仪测定电池电动势。

2. 熟悉有关电池电动势和电极电势的基本计算。
3. 学会用电化学方法测定难溶盐 AgCl 的溶度积常数。

二、基本原理

1. 电极电势的测定

由于电极电势的绝对值至今还无法测定，所以在电化学中规定电池："Pt(Hp)H(a=1)∥待测电极"的电动势就是待测电极的电势值，即规定标准氢电极的电极电势值为 0。但标准氢电极的使用比较麻烦，因此，常用具有稳定电势的电极如甘汞电极、Ag－AgCl 电极作为参比电极。

本实验是测定电池"$Hg(l)|Hg_2Cl_2(s)|KCl(饱和)\|Ag^+(a)|Ag(s)$"（用饱和 NH_4NO_3 溶液作盐桥）的电动势，并由此计算 $E^\theta(Ag^+|Ag)$ 电极电势。该电池的电动势为

$$E = E(Ag^+|Ag) - E_{甘汞} = E^\theta(Ag^+|Ag) + \frac{RT}{nF}\ln a(Ag^+) - E_{甘汞} \tag{3-28}$$

因此 $E^\theta(Ag^+|Ag) = E - \frac{RT}{nF}\ln a(Ag^+) + E_{甘汞} = E - \frac{RT}{nF}\ln\frac{\gamma_\pm b(Ag^+)}{b^\theta} + E_{甘汞} \tag{3-29}$

2. AgCl 溶度积常数的测定

$Ag(s)|AgNO_3(a_1)\|AgNO_3(a_2)|Ag(s)$（用饱和 NH_4NO_3 溶液作盐桥）是一个消除了液接电势的浓差电池，其电动势为

$$E = \frac{RT}{F}\ln\frac{a_2}{a_1} = \frac{RT}{F}\ln\frac{\gamma_2 a_2/b^\theta}{\gamma_1 a_1/b^\theta} \tag{3-30}$$

电池电动势法是测定难溶盐溶度积的常用方法之一，如果要测定氯化银的溶度积，可以设计下列电池：$Ag(s)|AgCl(饱和)，KCl(0.10\ mol·kg^{-1})\|AgNO_3(0.10\ mol/kg)|Ag(s)$。

左侧负极反应：$Ag(s) + Cl^- \rightarrow AgCl(s) + e$

右侧正极反应：$Ag^+ + e \rightarrow Ag(s)$

电池总反应：$Ag^+(l) + Cl^-(饱和) \rightarrow AgCl(s)$

根据能斯特方程，电池电动势为

$$E = E^\theta - \frac{RT}{F}\ln\frac{a(AgCl)}{a(Ag^+)a(Cl^-)} = E^\theta + \frac{RT}{F}\ln a(Ag^+)a(Cl^-) \tag{3-31}$$

电池反应达到平衡时，$E=0$，$a(Ag^+)a(Cl^-) = K_{sp}$，故有

$$E^\theta = -\frac{RT}{F}\ln a(Ag^+)a(Cl^-) = -\frac{RT}{F}\ln K_{sp} \tag{3-32}$$

将(3-32)式代入(3-31)式，得

$$E = -\frac{RT}{F}\ln K_{sp} + \frac{RT}{F}\ln a(Ag^+)a(Cl^-) \tag{3-33}$$

只要测得电池的电动势，查出 Ag^+ 和 Cl^- 离子溶液的平均活度系数可求得相应的活度，代入(3-33)式就可计算出难溶盐 AgCl 的溶度积 K_{sp}。

25℃时，0.10 mol/kg KCl 的离子平均活度系数为 0.769，0.10 mol/kg $AgNO_3$ 的平均离子活度系数为 0.734。在纯水中 AgCl 的溶解度很小，故活度积可看作溶度积。

三、仪器和试剂

1. 仪器：数字电位差综合测试仪 1 台、饱和甘汞电极 1 支、银电极 2 支、电极管 2 支、小烧杯 100 mL 1 个、洗耳球 1 个、细砂纸。

2. 试剂：饱和 NH_4NO_3 溶液、0.100 mol/kg $AgNO_3$ 溶液、0.100 mol/kg KCl 溶液。

四、实验步骤

1. 电极电势的测定

（1）温度的测定：在 100 mL 烧杯中倒入饱和 NH_4NO_3 溶液，将温度计插入其中 5 min 左右，测定该溶液的温度。

（2）测定电池电动势：将银电极插入洁净的电极管中并塞紧，从电极管的吸管口处用洗耳球吸入 0.100 mol/kg 的 $AgNO_3$ 溶液至浸没银电极略高一点，用夹子夹紧其胶管，使电极管的支管处没有液体滴出。以 Ag(s) | $AgNO_3$(0.100 mol/kg)电极为正极，饱和甘汞电极为负极，一同插入上述饱和 NH_4NO_3 溶液中，用 SDC II 数字电位差综合测试仪测其电池电动势。

2. AgCl 溶度积的测定

（1）电极的准备：将两根 Ag 电极用细砂纸轻轻打光，再用蒸馏水洗净，浸入同样浓度的 $AgNO_3$ 溶液中，用数字电位差综合测试仪测其电动势，若电动势小于 0.001 V，则可以做下面实验，否则 Ag 电极应重新处理。

（2）测定电池电动势：将 0.100 mol/kg KCl 溶液倒入一洁净电极管的一半处，并滴入一滴 0.100 mol/kg $AgNO_3$ 溶液，充分搅拌，静置 10 min 左右，将一支处理好的银电极插入其中并塞紧，从其吸管口处用洗耳球再吸入 0.100 mol/kg KCl 溶液，至电极管的支管中全都充满了溶液，用夹子夹紧其胶管，使电极管的支管处没有液体滴出。将另一支处理好的银电极插入另一电极管中并塞紧，从其吸管口处用洗耳球吸入 0.100 mol/kg 的 $AgNO_3$ 溶液浸没至电极略高一点，并使电极管的支管处没有液体滴出。将两电极管一同插入饱和 NH_4NO_3 溶液中。以 Ag(s) | $AgNO_3$(0.100 mol/kg^{-1})为正极，Ag(s) | KCl(0.100 mol/kg)，AgCl(饱和)为负极测其电池电动势。

五、数据记录和处理

1. 实验室温度：_____ ℃；实验室大气压：_____ Pa。

2. 电极电势测定中的温度 $t=$_____ ℃；电动势 $E=$_____ V。

将实验测得的电池电动势代入式(3-28)求 $E^{\theta}(Ag^+|Ag)$，并将结果与 $E^{\theta}(Ag^+|Ag)/V= 0.799\ 1-9.88\times10^{-4}(t-25)$ 计算值进行比较，要求相对误差小于 3%。

已知：$E_{甘汞}/V = 0.241\ 5-7.6\times10^{-4}(t-25)$；0.100 mol/kg $AgNO_3$ 的 $\gamma_{Ag^+} = \gamma_\pm = 0.734$。

3. 记录 AgCl 溶度积测定的电动势值，$E_{测量}=$_____ V。将实验测得的电池电动势 $E_{测量}$ 代入式(3-33)，计算 AgCl 的 K_{sp}。查得 AgCl 溶度积 $K_{sp}=1.8\times10^{-10}$ 代入式(3-33)，计算 $E_{计算}$，将 $E_{测量}$ 与 $E_{计算}$ 进行相对误差的计算，要求相对误差小于 5%。

六、实验注意事项

1. 盐桥中 NH_4NO_3 的浓度一定要饱和，即溶液中一定要有固体 NH_4NO_3 存在，否则电池电动势的测量值不准。
2. 制作的"$Ag(s)\mid KCl(0.100\ mol/kg)$，$AgCl$(饱和)"电极静置时间应足够长，否则不能测到电池电动势的稳定值。
3. 实验应在恒定温度条件下测定。
4. 实验用水应为高纯水，以避免水中 Cl^- 离子的影响。

七、思考题

1. 试写出本实验中 $AgCl$ 溶度积常数测定的电池表达式。
2. 测定电池电动势时为何要采用对消法？
3. 测定电池电动势时为何要用盐桥？如何选择盐桥中的电解质？

第四章 化学动力学实验

实验十六 蔗糖水解反应速率常数的测定

一、实验目的

(1) 了解旋光仪的构造与工作原理，掌握旋光仪的使用方法。
(2) 根据物质的旋光性研究蔗糖水解反应，测定其反应速率常数及半衰期。

二、基本原理

蔗糖在水中水解生成葡萄糖和果糖，反应式为

$$C_{12}H_{22}O_{11} + H_2O \xrightarrow{H^+} C_6H_{12}O_6 + C_6H_{12}O_6$$
$$\text{（蔗糖）} \qquad\qquad \text{（葡萄糖）}\quad\text{（果糖）}$$

该反应是一个二级反应。在纯水中此反应速度极慢，通常需在 H^+ 催化作用下进行。由于反应时水是大量存在的，尽管有部分水分子参加了反应，但仍可近似地认为反应过程中水的浓度不变。H^+ 作为催化剂，在反应中浓度也保持恒定，因此，蔗糖水解反应被看作准一级反应。其动力学方程式可写成

$$-\frac{dc_A}{dt} = kc_A \tag{4-1}$$

式中，k 为反应速率常数，因此，蔗糖水解反应被看作准一级反应。其动力学方程式可写成只与蔗糖浓度有关的一级反应。令 $c_{A,0}$ 为蔗糖初始浓度，将式(4-1)积分可得到

$$\ln\frac{c_{A,0}}{c_A} = kt \tag{4-2}$$

当 $c_A = 0.5c_{A,0}$ 时，半衰期 $t_{1/2}$ 为

$$t_{1/2} = \frac{\ln 2}{k} \tag{4-3}$$

式(4-3)表明，半衰期只取决于反应速率常数，与初始浓度无关，这是一级反应的特征。

蔗糖及其转化产物葡萄糖和果糖都具有旋光性，但旋光能力不同，伴随着反应的进程，旋光度不断发生变化，而且旋光度与浓度之间具有定量关系，所以可利用体系在反应过程中旋光度的变化来度量反应过程中蔗糖浓度的变化。测量旋光度所用的仪器称为旋光仪（其工作原理及使用方法请参阅第七章第八节）。

在温度、波长、溶液浓度和厚度等一定的条件下,旋光度 α 与溶液的浓度 c 呈线性关系,即

$$\alpha = Kc \tag{4-4}$$

式中,K 为比例常数,它是一个与物质的旋光能力、溶剂性质、溶液浓度、样品管长度、溶液温度等因素有关的常数。

物质旋光能力的大小,一般用比旋光度来度量。比旋光度可用式(4-5)表示:

$$[\alpha]_D^{20} = \frac{100\alpha}{lc_A} \tag{4-5}$$

式中,$[\alpha]_D^{20}$ 右上角"20"表示实验时温度为 20 ℃;D 为光源波长,常用钠光灯做光源,其波长为 589 nm;α 为测得的旋光度(°);l 为样品管长度(dm);c_A 为被测物的浓度 [g/(100 mL)]。

蔗糖、葡萄糖和果糖的比旋光度分别为:$[\alpha_{蔗}]_D^{20} = 66.6°$;$[\alpha_{葡}]_D^{20} = 52.5°$;$[\alpha_{果}]_D^{20} = -91.9°$。其中,蔗糖、葡萄糖为右旋物质,果糖为左旋物质。多种旋光物质共存的混合溶液的总旋光度等于各旋光物质旋光度的代数和。水解反应开始时,溶液中只有蔗糖,右旋程度最大,随着反应的进行,蔗糖的浓度逐渐减少,葡萄糖及果糖的浓度同步逐渐增加,故系统的右旋度逐渐减小,至某一时刻,旋光度为零,之后旋光度变为左旋(为负值)。当蔗糖彻底水解时,系统的左旋角达到最大值 α_∞(负得最多)。

$$C_{12}H_{22}O_{11} + H_2O \xrightarrow{H^+} C_6H_{12}O_6 + C_6H_{12}O_6 \quad \text{系统总旋光度}$$

$t=0$	$c_{A,0}$	0	0	α_0
$t=t$	c_A	$c_{A,0}-c_A$	$c_{A,0}-c_A$	α_t
$t=\infty$	0	$c_{A,0}$	$c_{A,0}$	α_∞

由式(4-4)得,体系最初的旋光度为

$$\alpha_0 = K_{反} c_{A,0} \tag{4-6}$$

体系最终的旋光度为

$$\alpha_\infty = K_{产} c_{A,0} \tag{4-7}$$

式中,$K_{反}$、$K_{产}$ 分别为反应物和生成物的旋光度比例常数,$c_{A,0}$ 为反应物的最初浓度,也是产物的最后浓度,反应在某一时刻 t 的旋光度为

$$\alpha_t = K_{反} c_{A,0} + K_{产}(c_{A,0} - c_A) \tag{4-8}$$

由式(4-6)减式(4-7)得

$$\alpha_0 - \alpha_\infty = (K_{反} - K_{产}) c_{A,0} \tag{4-9}$$

由式(4-8)减式(4-7)得

$$\alpha_t - \alpha_\infty = (K_{反} - K_{产}) c_A \tag{4-10}$$

将式(4-9)比式(4-10)得

$$\frac{c_{A,0}}{c_A} = \frac{\alpha_0 - \alpha_\infty}{\alpha_t - \alpha_\infty} \tag{4-11}$$

将式(4-11)代入式(4-2)整理得

$$\ln(\alpha_t - \alpha_\infty) = -kt + \ln(\alpha_0 - \alpha_\infty) \tag{4-12}$$

以 $\ln(\alpha_t - \alpha_\infty)$ 对 t 作图,由直线的斜率可求出速率常数 k,由式(4-3)可求半衰期 $t_{1/2}$。

三、仪器与药品

(1)仪器：WXG 圆盘旋光仪及附件 1 套、水浴恒温槽 1 套、电子天平 1 台、容量瓶(50 mL)1 个、烧杯(100 mL)1 个、移液管(25 mL)2 支、洗耳球、玻璃棒、胶头滴管。

(2)试剂：蔗糖(分析纯)、HCl 溶液(3 mol/L)、蒸馏水。

四、实验步骤

1. 实验前准备

了解和熟悉 WXG 圆盘旋光仪的构造和使用方法，打开电源，将旋光仪预热 5～10 min，至钠灯正常发光。

2. 旋光仪零点校正

蒸馏水是非旋光性物质，可用于旋光仪的零点校正，也可用清洁的空旋光管进行校正。

(1)用蒸馏水洗净旋光管。

(2)将旋光管一端的盖子旋紧，另一端的盖子打开，向管内注满蒸馏水，使液体形成一凸出液面，把小玻片紧贴旋光管端口盖好，旋紧旋光管套盖，勿使漏水。旋光管内尽量避免有气泡，若有少许气泡，应调节到旋光管凸起部位，以不影响光线通路为准。

(3)用滤纸擦干旋光管外壁，用擦镜纸擦净旋光管两端的玻璃片。将旋光管放入旋光仪的样品室，使凸起部位靠近目镜一侧，进行旋光仪零点校正。

(4)调整目镜焦距，使视野清楚，然后旋转检偏镜至观察到三分视野暗度相等为止，即三分视界消失，记下检偏镜的旋角。重复测量三次取其平均值，此平均值即为零点 $α_{校}$。

3. 水解反应过程旋光度 $α_t$ 的测定

(1)称取 10 g 蔗糖于烧杯中，加少量水溶解，用 50 mL 容量瓶配成溶液，摇匀备用。

(2)用移液管取 25 mL 蔗糖溶液，注入一洁净锥形瓶，用另一支移液管吸取 25 mL 3 mol/L HCl 溶液，注入该蔗糖溶液，注意记下 HCl 放入一半时的时间，作为反应的开始时间($t=0$)，将锥形瓶中溶液搅拌均匀。用少量反应液淋洗旋光管 2～3 次，并将旋光管装满溶液(方法同上)。测量第一次旋光度，同时记下时间。此后每隔 5 min 测一次，共测两次；然后，每隔 10 min 测一次，共三次；最后，每隔 15 min 测一次，共测四次。

在读取旋光度数据的同时应记录反应时间，记录时间时应以反应进行的实际时间为准，而不拘泥于上述设定的时间框架。

4. 完全水解后 $α_∞$ 的测定

$α_∞$ 的测定可以将反应溶液放置 48 h 后，在相同温度下测定溶液的旋光度，即得 $α_∞$ 的值。也可将剩余的溶液放入 60 ℃ 的恒温水浴，保温 1 h，让反应进行完全，然后将溶液冷却至室温，再测旋光度 $α_∞$。

需要注意，旋光仪中的钠光灯不宜长时间开启，测量间隔较长时应熄灭，以免损坏。实验结束时应立刻将旋光管洗净干燥，防止酸对旋光管的腐蚀和蔗糖对玻璃片、盖套的黏合。

五、数据记录及处理

(1)实验室温度：_____℃；大气压：_____Pa；$\alpha_{校}=$_____；$\alpha_\infty=$_____。

(2)记录蔗糖水解过程中，不同时间的旋光度数据，填入表 4-1。

表 4-1　不同时间蔗糖溶液的旋光度数据

时间 t/min								
α_t								
$\alpha_t - \alpha_\infty$								
$\ln(\alpha_t - \alpha_\infty)$								

(3)以 $\ln(\alpha_t-\alpha_\infty)$ 为纵坐标，t 为横坐标作图，由所得直线的斜率求出反应速率常数 k。

(4)计算蔗糖水解反应的半衰期 $t_{1/2}$ 值。

六、实验注意事项

(1)打开旋光管上盖时要小心，防止盖上圆形玻璃片掉出打碎。旋紧上盖时只要旋至不漏液体即可，旋得过紧会造成损坏，或使玻璃片受力而产生应力，致使有一定的假旋光。

(2)因反应液中加了盐酸，因此，旋光管加样后外壁必须擦干净后才能放入旋光仪进行测试，以免酸液滴漏到旋光仪上对仪器造成腐蚀。同样的原因，实验结束后旋光管必须清洗干净，避免酸液对旋光管两端金属套盖造成腐蚀。

(3)在测定 α_∞ 时，加热使反应速率加快并完全反应。但加热温度不要超过 60 ℃，否则会发生副反应，导致溶液变黄。加热过程也要防止溶剂挥发，避免溶液浓度变化。

(4)旋光仪中的钠光灯不宜长时间开启，测量间隔较长时应熄灭，以免损坏。

(5)温度对蔗糖水解反应速率常数影响较大，应严格控制可能使水解反应温度产生波动的因素。旋光仪的钠光灯发热使放置旋光管的样品室温度变化较大，为此，可采取每测试一个旋光度数据后便将旋光管从样品室中取出、下次测试时再放入，不测试时样品室盖子打开散热、测试时再盖上盖子的方法，减少实验过程温度的变化对实验结果造成的影响。

七、思考题

(1)实验中，用蒸馏水来校正旋光仪的零点，蔗糖转化反应过程所测的旋光度 α_t 是否需要零点校正？为什么？

(2)在混合蔗糖溶液和 HCl 溶液时，要将 HCl 溶液加到蔗糖溶液里去，可否把蔗糖溶液加到盐酸溶液中去？为什么？

八、实验讨论与拓展

(1)测定旋光度有以下几种用途：

1)检定物质的纯度；

2)确定物质在溶液中的浓度或含量;

3)确定溶液的密度;

4)鉴别光学异构体。

(2)在旋光度的测量中,对零点进行校正,一是要消除仪器的系统误差;二是要对试剂空白进行零点校正,消除被测物以外,溶液中其他可能有旋光性物质的干扰。本实验学习旋光度零点校正的方法,实验数据不需要校正,因为在数据处理中用的是两个旋光度的差值,系统误差已消除。

(3)如果记录反应开始的时间晚了一些,不会影响到 k 值的测定,只是不同时间所作的直线的位置不同而已,但所作直线的斜率 k 相同。

(4)在酸的催化下,蔗糖水解反应进行得较快,其速率的大小与溶液中 H^+ 浓度有关。当 H^+ 浓度较低时,水解速率正比于 H^+ 浓度,而当 H^+ 浓度较高时,水解速率正比于 H^+ 活度。同一较高浓度的不同酸液作水解反应催化剂时(如 HCl、HNO_3、H_2SO_4、HAc 等),因 H^+ 活度不同,其水解速率各异。所以,由水解速率的比值可以求出两种酸液的 H^+ 活度比,若知道其中一个的活度,便可求出另一个活度。

(5)本实验还可用古根哈姆(Guggenheim)方法处理实验数据,求出蔗糖水解速率常数。一级反应在时间 t 和 $t+\Delta t$ 时的浓度分别为 c 和 c',由一级反应动力学指数式得

$$c-c'=c_0 e^{-kt}(1-e^{-\Delta t})$$

对两边取自然对数,得到

$$\ln(c-c')=-kt+\ln(1-e^{-\Delta t})+\ln c_0$$

式中,Δt 为反应时间间隔,是定值(如可以取 5 min),所以,$\ln(c-c')$ 对时间 t 作图可以得一直线,由直线斜率求出水解速率常数 k。

古根哈姆法处理数据的优点是不必测量水解反应完全时的旋光度 α_∞,可避免因反应温度高引起的一些副反应干扰,节约使用时间。它的不足是实验中不易在每隔相等的 Δt 时直接测得数据,需在实验正常测试 α_t 完成后,作出 α_t-t 曲线,从该曲线上找出相等时间间隔 Δt 时所对应的各浓度 α_t。

九、计算机处理数据

用 Origin 软件绘制 $\ln(\alpha_t-\alpha_\infty)$-$t$ 回归直线,由直线斜率求反应速率常数 k。

(1)输入数据。启动 Origin 软件后,出现一个默认"Book1"的"Worksheet"窗口,其中有默认为 A(X)、B(Y)两列,将数据按"时间 t"为 X 坐标,"α_t"为 Y 坐标分别输入。

(2)添加新列。单击上方工具栏中的 按钮或在"Column"菜单中选择"Add New Column"添加新的列 C(Y)列。选定 C(Y)列,单击鼠标右键,在下拉菜单中选择"Set column values",弹出"Set Values"对话框,文本框中输入"ln[Col(B)－α_∞]",然后单击"OK"按钮,计算的 $\ln(\alpha_t-\alpha_\infty)$ 值即输入 C(Y)列。

(3)绘制散点图。选定 A(X)、C(Y)两列的所有数据,单击窗口下方工具栏中的 按钮或在"Plot"菜单中选择"Symbol"→"Scatter"命令,即可得散点图。

(4)绘制拟合直线。在"Analysis"菜单中选择"Fitting"→"Fit linear"命令,可得回归直线。拟合结果见"结果"窗口,给出线性关系为 $y=a+bx$ 形式的 a、b 值、误差及相关系数

R^2 的数值。相关系数 R 越接近 1,说明数据点越接近线性。

(5) 输入坐标轴标题。双击边框,单击"Title&Format",在左侧的"Selector"中选择"Bottom"和"Left",选中"X Axis Title"和"Y Axis Title";输入横坐标标题"t/min"和纵坐标标题"$\ln(\alpha_t - \alpha_\infty)$",西文字体选"Times New Roman",单击"OK"按钮。

(6) 完善图形。

1) 修改坐标刻度。双击边框,或右键单击"坐标轴",下拉菜单中选择"Properties"→"Title&Format"命令,在左侧的"Selector"中选择"Bottom"和"Left",在"Major"和"Minor"中,都选择"In",单击"OK"按钮。刻度太密时,可略去 Minor 刻度,在"Minor"中选择"None"。

2) 加上右侧和上面的边框。双击边框,单击"Title&Format",在左侧的"Selector"中选择"Top"和"Right",选中"Show Axis&Tick",在"Major"和"Minor"中,都选择"None",然后单击"OK"按钮,即可得蔗糖水解反应的回归直线。

(7) 复制到 Word 文档。在"Edit"菜单中选择"Copy page",将图形复制,粘贴到 Word 文档中。

实验十七 乙酸乙酯皂化反应速率常数的测定

一、实验目的

(1) 用电导法测定乙酸乙酯皂化反应的反应级数、速率常数和活化能。
(2) 通过实验掌握测量原理和电导率的使用方法。

二、实验原理

1. 速率常数的测定

乙酸乙酯皂化反应是典型的二级反应,其反应式为

$$CH_3COOC_2H_5 + NaOH = CH_3COONa + C_2H_5OH$$

$t=0$	c_0	c_0	0	0
$t=t$	c	c	c_0-c	c_0-c
$t=\infty$	0	0	c_0	c_0

速率方程式为

$$-\frac{\mathrm{d}c}{\mathrm{d}t} = kc^2 \tag{4-13}$$

积分并整理得速率常数 k 的表达式为

$$k = \frac{1}{tc_0}\frac{c_0-c}{c} \tag{4-14}$$

假定此反应在稀溶液中进行,且 CH_3COONa 全部电离,则参加导电的离子有 Na^+、

OH^-、CH_3COO^-，而 Na^+ 反应前后不变，OH^- 的迁移率远远大于 CH_3COO^-，随着反应的进行，OH^- 不断减小，CH_3COO^- 不断增加，所以体系的电导率不断下降，且体系电导率(κ)的下降与产物 CH_3COO^- 的浓度成正比。

令 κ_0、κ_t 和 κ_∞ 分别为 0、t 和 ∞ 时刻的电导率，则

$$t \text{ 时刻时}, \quad c_0 - c = K(\kappa_0 - \kappa_t) \tag{4-15}$$

式中，K 为比例常数。

$$\infty \text{ 时刻时}, \quad c_t = K(\kappa_t - \kappa_\infty) \tag{4-16}$$

将式(4-15)与式(4-16)作比得

$$\frac{c_0 - c}{c} = \frac{\kappa_0 - \kappa_t}{\kappa_t - \kappa_\infty} \tag{4-17}$$

将式(4-17)代入式(4-14)，整理得

$$\kappa_t = \frac{1}{\kappa c_0} \frac{\kappa_0 - \kappa_t}{t} + \kappa_\infty \tag{4-18}$$

可见，已知起始浓度 c_0，在恒温条件下，测得 κ_0 和 κ_t，并以 κ_t 对 $\dfrac{\kappa_0 - \kappa_t}{t}$ 作图，可得一直线，直线斜率为 $1/(kc_0)$，从而求得此温度下的反应速率常数 k。

2. 活化能的测定

只要测出两个不同温度对应的速率常数，就可以算出反应的表观活化能。将测得的不同温度时的反应速率系数 k，代入阿伦尼乌斯公式(4-19)，可求出该反应的表观活化能 E_a。

$$\ln \frac{k_2}{k_2} = -\frac{E_a}{R}\left(\frac{1}{T_2} - \frac{1}{T_1}\right) \tag{4-19}$$

$$\ln k = -\frac{E_a}{R}\frac{1}{T} + C \tag{4-20}$$

此外，由式(4-20)可知，如果测得几个温度(至少3个)下的速率系数 k，以 $\ln k$ 对 $1/T$ 作图，由直线斜率 $-E_a/R$ 也可求得活化能 E_a，此法更合理、更可靠。

三、仪器和试剂

(1)仪器：DDSJ-308A 型数显电导率仪、电导电极 1 支、SYP-Ⅲ型玻璃恒温水浴、移液管(25 mL)、锥形瓶(150 mL)3 个、容量瓶(100 mL)2 个、蒸馏水、滤纸、洗耳球。

(2)试剂：NaOH 标准溶液(0.1 mol/L)、乙酸乙酯(分析纯)。

四、实验步骤

(1)恒温水浴温度先调节至(20.0±0.1) ℃。

(2)反应物溶液的配制。配制 100 mL 乙酸乙酯溶液，使其浓度与氢氧化钠标准溶液相同。乙酸乙酯的密度计算式：$\rho(\text{g/cm}^3) = 0.924\,54 - 1.168 \times 10^{-3}(t/℃) - 1.95 \times 10^{-6}(t/℃)^2$。

配制方法：在 100 mL 容量瓶中装 2/3 体积的水，用移液管吸取所需乙酸乙酯的体积，滴入容量瓶，定容摇匀待用。将盛有实验用乙酸乙酯的磨口三角瓶置入恒温水浴，恒温 10 min。用带有刻度的移液管吸取 $V(\text{mL})$ 乙酸乙酯，移入预先放有一定量蒸馏水的 100 mL 容量瓶中，再加蒸馏水稀释至刻度，所吸取乙酸乙酯的体积 $V(\text{mL})$ 可用下式计算：

$$V = \frac{100Mc_{NaOH}}{1\,000\rho w\%} \tag{4-21}$$

式中，V、M、ρ、$w\%$ 分别为乙酸乙酯原液的体积、摩尔质量、密度和质量百分比浓度，c_{NaOH} 为 NaOH 溶液的物质的量浓度。

(3) κ_0 的测定。

1) 在一支烘干洁净的大试管内，用移液管移入电导水和 NaOH 溶液（新配制）各 15 mL，摇匀并插入附有橡皮擦的电导电极（插入前应用蒸馏水淋洗，并用滤纸小心吸干，要特别注意切勿触及两电极的铂黑）塞子，将其置入恒温槽中恒温。

2) 开启电导仪电源开关，按下"ON/OFF"键，仪器将显示产标、仪器型号、名称。按"模式"键选择"电导率测量"状态，仪器自动进入上次关机时的测量状态，此时仪器采用的参数已设好，可直接进行测量，待样品恒温 10 min 后，记录仪器显示的电导率值。

3) 将电导电极取出，用蒸馏水淋洗干净后插入盛有蒸馏水的烧杯。大试管中的溶液保留待用。

(4) κ_t 的测定。

1) 取烘干洁净的混合反应器一支，其粗管中用移液管移入 15 mL 新鲜配制的乙酸乙酯溶液，插入已经用蒸馏水淋洗并用滤纸小心吸干（注意：滤纸切勿触及两极的铂黑）带有橡皮塞的电导电极，用另一只移液管向反应器的细管中移入 15 mL 已知浓度的 NaOH 溶液，然后将其置于 20 ℃ 的恒温槽中恒温。

注意：氢氧化钠和乙酸乙酯两种溶液此时不能混合。

2) 待恒温 10 min 后，倾斜混合反应器，迅速将细管中的 NaOH 溶液全部移入粗管（注意不要用力过猛，以免粗管中溶液溅到橡皮塞上）。此时皂化反应已开始，记录反应开始时间，为了使反应物混合均匀，迅速将混合液的一半移回细管，再立即移入粗管，如此反复三次，最后将溶液全部移入粗管后不动，当反应进行到 1 min、2 min、3 min 等的时候，记录电导率仪显示的数值，反应 15 min 后，停止测定。

3) 将电导电极取出用蒸馏水淋洗干净后插入盛有蒸馏水的烧杯。取出混合反应器，用蒸馏水洗净，放入烘箱中烘干。

(5) 在 30 ℃ 下测定。将恒温水浴温度调至 30 ℃，反复实验步骤 (3)、(4)，测定 30 ℃ 下的 κ_0、κ_t。

五、数据记录与处理

(1) 记录不同温度、不同时间测得的电导率值，并填入表 4-2。

表 4-2 不同温度下乙酸乙酯皂化反应数据记录

时间/min	1	2	3	4	5	6	7	8	9	10	11	12	13	14	15
$\kappa_t/(S \cdot m^{-1})$															
$\kappa_0 - \kappa_t/(S \cdot m^{-1})$															
$(\kappa_0 - \kappa_t)/t/(S \cdot m^{-1} \cdot min^{-1})$															

(2) 以 κ_t 对 $(\kappa_0 - \kappa_t)/t$ 作图，由所得直线判定该反应为二级，并求速度常数 k 值，采用 $dm^3/(mol \cdot min)$ 表示。

(3)若测得两个温度下的速率常数,则代入式(4-19)可计算反应的活化能 E_a;若测得三个温度下的速率系数,以 $\ln k$ 对 $1/T$ 作图,则可由直线斜率求出反应活化能 E_a。

六、注意事项

(1)NaOH 溶液应保证无碳酸盐等杂质,乙酸乙酯需新配制。

(2)由于空气中的 CO_2 会溶入电导水和配制的 NaOH 溶液,使溶液浓度发生改变,因此,实验中可用煮沸后的电导水,同时可采用在 NaOH 溶液瓶上装配碱石灰吸收管等方法。

(3)温度的变化会影响反应速率,因此,NaOH 溶液混合前应充分恒温,可通过测得的 κ-t 图来判断,若体系已充分恒温,则 κ 值不变。

(4)电极不使用时应浸泡在电导水中,使用时用滤纸轻轻吸干水分。清洗铂电极时不能用滤纸擦拭电极上的铂黑。

七、思考题

(1)如果酸和酯的起始浓度不等将会引起什么结果?分析该实验误差产生的原因。

(2)使用电极时应该注意什么?

(3)为何酯和碱的浓度必须足够稀?如果 $CH_3COOC_2H_5$ 和 NaOH 溶液均为浓溶液,试问能否用此方法求得 k 值?为什么?

八、实验讨论与拓展

(1)乙酸乙酯皂化反应系吸热反应,混合后系统温度降低,所以,在混合后的起始几分钟内所测溶液的电导率偏低,因此,最好在反应 4~6 min 后开始,否则,以 κ_t 对 $(\kappa_0-\kappa_t)/t$ 作图得到的是一抛物线,而不是直线。

(2)求反应速率的方法很多,归纳起来有化学分析法及物理化学分析法两类。化学分析法是在一定时间取出一部分试样,使用骤冷或取出催化剂等方法使反应停止,然后进行分析,直接求出浓度。这种方法虽设备简单,但是时间长,比较麻烦。物理化学分析法有旋光、折光、电导分光光度等方法,根据不同情况可用不同仪器。这些方法的优点是实验时间短,速度快,可不中断反应,而且还可采用自动化的装置。但是需一定的仪器设备,并只能得出间接的数据,有时往往会因某些杂质的存在而产生较大的误差。

实验十八 丙酮碘化反应的速率方程

一、实验目的

(1)掌握用孤立法测定反应级数的方法。

（2）利用分光光度法测定酸催化下丙酮碘化反应的速率常数。

二、基本原理

在酸性溶液中，丙酮碘化反应是一个复杂反应，其反应方程式为

$$H_3C-\underset{\underset{O}{\|}}{C}-CH_3 + I_2 \xrightleftharpoons{H^+} H_3C-\underset{\underset{O}{\|}}{C}-CH_2I + I^- + H^+$$

由上式看出，丙酮碘化反应过程中能生成 H^+，而 H^+ 是反应的催化剂，使反应速率不断加快，故此反应是一个自催化反应，通常认为该反应按以下两步进行：

（1）$H_3C-\underset{\underset{O}{\|}}{C}-CH_3 \xrightleftharpoons{H^+} H_3C-\underset{\underset{OH}{|}}{C}=CH_2$；

（2）$H_3C-\underset{\underset{OH}{|}}{C}=CH_2 + I_2 \longrightarrow H_3C-\underset{\underset{O}{\|}}{C}-CH_2I + I^- + H^+$。

反应（1）是丙酮的烯醇化反应，这是一个很慢的可逆反应；反应（2）是烯醇的碘化反应，它是一个快速且趋于进行到底的反应。因此，反应（1）是整个反应的速率控制步骤。丙酮碘化反应的总速率取决于丙酮烯醇化反应的速率，丙酮烯醇化属于基元反应，根据质量作用定律，其速率正比于丙酮及氢离子的浓度。

若以碘的浓度随时间变化率来表示丙酮碘化反应的总速率，则反应的动力学方程式为

$$-\frac{dc_{I_2}}{dt} = kc_A c_{H^+} \tag{4-22}$$

式中，c_{I_2}、c_A 和 c_{H^+} 分别为碘溶液、丙酮和 H^+ 的浓度；k 表示丙酮碘化反应总速率常数。由反应机理得到的速率方程表明，碘化反应的速率与丙酮及氢离子浓度的一次方成正比，而与碘溶液的浓度无关。为了验证这一反应机理的正确与否，可以进行反应级数的测定。

由反应式（1）、（2），假定丙酮碘化反应的速率方程为

$$\gamma = -\frac{dc_A}{dt} = -\frac{dc_{I_2}}{dt} = kc_A^\alpha c_{I_2}^\beta c_{H^+}^\gamma \tag{4-23}$$

式中，α、β 和 γ 分别为丙酮、碘和氢离子的反应分级数。对上式取对数，得

$$\lg\left(-\frac{dc_{I_2}}{dt}\right) = \lg k + \alpha \lg c_A + \beta \lg c_{I_2} + \gamma \lg c_{H^+} \tag{4-24}$$

在丙酮、碘和氢离子三种反应物中，若固定其中两种物质的起始浓度，改变第三种物质的起始浓度，测定碘化反应在一定温度下的反应速率，此时反应速率只是第三种物质浓度的函数。以反应速率的对数 $\lg(-dc_{I_2}/dt)$ 对第三种物质浓度的对数值 $\lg c$ 作图，可以得到一条直线，直线的斜率即为对第三种物质的反应分级数。采用相同的处理方法，可以测定另两种物质的反应分级数。因某物质的起始浓度是已知的（$\lg c$ 已知），故测定该物质的反应分级数的关键，是如何测定反应物在反应过程中浓度随时间的变化率，以便得到 $\lg(-dc_{I_2}/dt)$。

因为碘在可见光区有一个较宽的吸收带，而在这一吸收区域酸和丙酮都没有明显的吸收，所以，可利用分光光度计来测定丙酮碘化反应过程中碘的浓度随时间的变化关系，即可求出丙酮碘化反应速率（$-dc_{I_2}/dt$）。

依据朗伯-比耳(Lambert-Beer)定律，某指定波长的光通过碘溶液的光强为 I，通过蒸馏水的光强度为 I_0，则透光率与碘的浓度之间的关系可表示为

$$A = -\lg T = -\lg\left(\frac{I}{I_0}\right) = \varepsilon b c_{I_2} \tag{4-25}$$

式中，A 为吸光度，T 为透光率，I、I_0 分别为某一波长的光线通过待测溶液和空白溶液后的光强，ε 为物质的摩尔吸光系数，b 为样品池光径长度(比色皿厚度)。上式说明溶液的吸光度是碘溶液浓度 c_{I_2} 的函数。

将式(4-25)的两边对反应时间 t 求导，整理可得

$$-\frac{dc_{I_2}}{dt} = -\frac{1}{\varepsilon b}\frac{dA}{dt} \tag{4-26}$$

将式(4-26)代入式(4-24)，可得

$$\lg\left(-\frac{dA}{dt}\right) = \lg k + \alpha \lg c_A + \beta \lg c_{I_2} + \gamma \lg c_{H^+} + \lg \varepsilon b \tag{4-27}$$

实验测定时，在一定温度下固定反应物中任意两种物质的起始浓度，改变第三种物质的起始浓度，对第三种物质起始浓度不同的每个溶液，都能测得一系列随时间变化的吸光度。以 $-A$ 对 t 作图得一直线，其斜率为 $-dA/dt$，再以 $\lg(-dA/dt)$ 对第三种物质起始浓度的对数 $\lg c$ 作图，所得直线的斜率即为第三种物质的反应分级数。同法测定另两种反应物的分级数。

测定已知浓度碘溶液的吸光度，利用式(4-25)可以求出 εb 值。结合某一给定起始浓度碘溶液参与的反应液的一组吸光度与反应时间数据，代入式(4-27)，可以算出丙酮碘化反应在给定温度下的速率常数 k。

由两个以上温度的反应速率常数，可以根据阿伦尼乌斯公式计算反应活化能。

$$\ln k = -\frac{E_a}{R}\frac{1}{T} + \ln A \tag{4-28}$$

三、仪器和试剂

(1)仪器：72 型分光光度计 1 台，超级恒温槽 1 台，秒表 1 个，碘瓶(100 mL)1 个，容量瓶(25 mL)11 个，移液管(5 mL)3 支、(25 mL)1 支，移液管(10 mL)3 支。

(2)试剂：盐酸溶液(2.00 mol/L)、碘溶液(0.020 mol/L)、丙酮溶液(2.00 mol/L)。

四、实验步骤

(1)调节超级恒温槽的温度至(25±0.05)℃。将蒸馏水和 2.00 mol/L 的丙酮溶液置于超级恒温槽里恒温。

(2)调节分光光度计。参阅本书第七章第四节，将分光光度计开机、预热后，调节波长为 565 nm。将比色皿的恒温夹套放入暗箱，接通恒温水。以蒸馏水为空白液，对仪器进行基准调整。

(3)碘溶液起始浓度不同对反应速率影响的测定。

1)在 3 个洁净的 25 mL 容量瓶中，各移入 2.50 mL 2.00 mol/L 盐酸溶液，再分别移取 0.020 0 mol/L 碘溶液 1.30 mL、1.00 mL、0.70 mL 加到各容量瓶，加入 10 mL 蒸馏

水,置于恒温槽中恒温数分钟。

2)恒温后,取出一个容量瓶,移入已恒温的 2.50 mL 2.00 mol/L 丙酮溶液,用已恒温的蒸馏水定容,并开始计时。迅速用反应液荡洗比色皿三次,向比色皿中加入反应液,擦镜纸擦干外表面,置于比色架上,以蒸馏水作为参考,每隔约 1.5 min 测定一次反应液的吸光度,并同时记下吸光度和时间的数值,记录实验数据 9～12 组。

3)按照同上的方法,测定其他两个容量瓶中的溶液,记录吸光度和时间的数值。

(4)盐酸起始浓度不同对反应速率影响的测定。

1)在 4 个洁净的 25 mL 容量瓶中,各移入 1.00 mL 0.0 200 mol/L 碘溶液,再分别移取 2.00 mol/L 盐酸溶液 5.00 mL、4.00 mL、3.00 mL、2.00 mL 加到各容量瓶,加入 10 mL 蒸馏水,置于恒温槽中恒温数分钟。

2)按照步骤(3)中 2)的方法,4 个容量瓶中再各加已恒温的 5.0 mL 2.00 mol/L 丙酮溶液,用恒温的蒸馏水定容后,测定吸光度和时间的数值。盐酸浓度较高的反应速率快,读数间隔要小一些,可以每隔约 30 s 读一次,而盐酸浓度较稀的样品,可以每隔约 1.5 min 读一次。

(5)丙酮溶液起始浓度不同对反应速率影响的测定。

1)在 4 个洁净的 25 mL 容量瓶中,先各移入 1.00 mL 0.020 0 mol/L 碘溶液,再各移入 2.50 mL 2.00 mol/L 盐酸溶液,加入 10 mL 蒸馏水,置于恒温槽中恒温数分钟。

2)恒温后,任取一个容量瓶,移入已恒温的 5.00 mL 2.00 mol/L 丙酮溶液,用已恒温的蒸馏水定容,并开始计时。按照步骤(3)同样的方法,测定反应在不同时间时的吸光度。

3)按照上面步骤的方法,将 2.00 mol/L 丙酮溶液的加入量分别变为 4.00 mL、3.00 mL、2.00 mL,依次进行测定。

(6)εb 值的测定。在 25 mL 的容量瓶中,加入 1.00 mL 0.020 0 mol/L 碘溶液和 5.00 mL 2.00 mol/L 盐酸溶液,加蒸馏水定容,测定溶液的吸光度。

(7)变换温度测定。将恒温槽的温度升高,如升至 35 ℃,重复以上各个步骤,可以测定另一温度下的反应速率及其速率常数。但因温度升高,反应速率加快,测定数据的时间间隔相应要缩短。

五、数据记录和处理

(1)实验室温度_____℃;实验室大气压_____Pa。

(2)测定碘溶液起始浓度不同时,不同时间的吸光度数值,所得数据填入表 4-3。

恒温槽温度:_____℃;测定 εb 值时的吸光度:_____。

表 4-3 碘液不同浓度、不同时间的吸光度

组数	浓度1		浓度2		浓度3	
	t/s	A	t/s	A	t/s	A
1						
2						
...						

(3)同理分别测定盐酸、丙酮溶液起始浓度不同时,不同时间的吸光度数值。

(4)分别将测得的各组反应液的吸光度 A 值对 t 作图,并求出斜率。以该斜率对该组分浓度作双对数图,从其斜率可求得反应对各物质的级数 α、β 和 γ。

(5)根据测定溶液的吸光度 A,由式(4-25)计算 εb 值。

(6)根据式(4-27)计算丙酮碘化反应的速度常数 k。

(7)计算丙酮碘化反应的活化能。

六、实验注意事项

(1)温度影响反应速率系数,实验时体系始终要保持恒温。

(2)混合反应溶液要迅速准确,必须将丙酮溶液倒入酸和碘的混合溶液中,反之则不行。

(3)比色皿在盛装样品前,应用所盛装样品冲洗两次,测量结束后比色皿应用蒸馏水清洗干净后放起。若比色皿内有颜色挂壁,可用无水乙醇浸泡清洗。

(4)向比色皿中加样时,若样品流到比色皿外壁,应以滤纸吸干,镜头纸擦净后进行测量,切忌用滤纸擦拭,以免比色皿出现划痕。

(5)实验操作时,比色皿的位置最好不要调换,以免造成错误操作。

七、思考题

(1)丙酮碘化反应起始时间计时的早晚不同对实验结果有无影响?为什么?

(2)在每次等待测定并读取透光率的过程中,若将装有反应液的比色皿始终置于光路中将会对反应测试结果产生什么影响?为什么?

(3)对本实验结果产生影响的主要因素是什么?

实验十九　过氧化氢的催化分解

一、实验目的

(1)用静态法测定 H_2O_2 分解反应的反应速率常数和半衰期。

(2)熟悉一级反应的速率方程及动力学特征,了解反应浓度、温度和催化剂等因素对一级反应速率的影响。

(3)学会用图解法求出一级反应的速率常数。

二、基本原理

反应速率只与反应物浓度的一次方成正比的反应叫作一级反应。过氧化氢是很不稳定的化合物,在没有催化剂作用时也能分解,特别是在中性或碱性水溶液中,但分解速率很

慢。当加入催化剂时能促使过氧化氢较快分解，分解反应为

$$H_2O_2 \longrightarrow H_2O + \frac{1}{2}O_2$$

在介质和催化剂种类、浓度固定时，反应属于一级反应，其反应速率方程式遵守下式：

$$-\frac{dc_A}{dt} = kc_A \tag{4-29}$$

式中，k 为反应速率常数，c_A 为 t 时刻的反应物浓度。

将式(4-29)积分得

$$\ln c_A = -kt + \ln c_{A,0} \tag{4-30}$$

式中，$c_{A,0}$ 为反应开始时 H_2O_2 的浓度。

以 $\ln c_A$ 对时间 t 作图，可得一直线，其斜率为反应速度常数的负值 $-k$，截距为 $\ln c_{A,0}$。

当 $c_A = \frac{1}{2} c_{A,0}$ 时，反应的半衰期为

$$t_{1/2} = \frac{\ln 2}{k} = \frac{0.693}{k} \tag{4-31}$$

即温度一定时，一级反应的半衰期应与反应速率常数成反比，与反应物初始浓度无关。

化学反应速率取决于很多因素，如反应物浓度、搅拌速率、反应压力、温度及催化剂等。某些催化剂可明显加快反应速率，能加快 H_2O_2 分解的催化剂有 Pt、Ag、$FeCl_3$、MnO_2 及碘化物等，本实验用 KI 作催化剂，在静态装置里测定 H_2O_2 分解反应的速率常数。在恒温常压下，H_2O_2 分解的反应速率与 O_2 的析出速率成正比。析出的 O_2 体积可由量气管测量。

因分解过程中放出 O_2 的体积与分解了的 H_2O_2 浓度成正比，其比例常数为定值。用 V_∞ 表示 H_2O_2 全部分解时放出氧气的体积(恒定 T、p，$t = \infty$)，V_t 表示 H_2O_2 在 t 时刻分解放出的氧气体积，则

$$c_{A,0} \propto V_\infty; \quad c_A \propto (V_\infty - V_t) \tag{4-32}$$

代入式(4-30)得

$$\ln(V_\infty - V_t) = -kt + \ln V_\infty \tag{4-33}$$

V_∞ 可用下列三种方法求得。

1. 化学分析法

在酸性溶液中用 $KMnO_4$ 标准溶液滴定，根据滴定过程中消耗 $KMnO_4$ 的体积即求出 H_2O_2 的初始浓度 $c_{A,0}$。滴定反应方程式如下：

$$2KMnO_4 + 5H_2O_2 + 3H_2SO_4 = K_2SO_4 + 2MnSO_4 + 5O_2 + 8H_2O$$

设分解反应所用 H_2O_2 的量为 $V_{H_2O_2}$ mL，根据 H_2O_2 分解反应方程式及理想气体状态方程可求 V_∞。

$$V_\infty = \frac{c_{A,0} V_{H_2O_2} RT \times 10^3}{2 p_{O_2}} \text{(mL)} \tag{4-34}$$

式中，T 为实验温度(K)，p_{O_2} 为氧的分压，即从气压计中得出的当地大气压减去实验

温度下水的饱和蒸气压。

2. 加热法

在测量若干个 V_t 的数据后,将 H_2O_2 溶液加热至 50 ℃~55 ℃,保持约 15 min,即可认为 H_2O_2 已基本分解完全,待冷却至室温后,记下量气管的读数,即为 V_t。

3. 外推法

以 V_t 对 $1/t$ 作图,将直线部分外推至 $1/t=0$,其截距即为 V_∞。

测量一系列不同时刻的 V_t 及 V_∞,根据式(4-33)可知,以 $\ln(V_\infty-V_t)$ 对 t 作图得一直线,由直线斜率可求得反应的速率常数 k。

根据阿伦尼乌斯方程,如果测得两个以上不同温度的速率常数 k,可计算反应的 E_a。

三、仪器和试剂

(1)仪器:磁力搅拌器 1 台、量气管(50 mL)1 支、锥形瓶(250 mL)1 个、水位瓶(250 mL)1 个、三通旋塞 1 个、橡皮塞 1 个、催化剂托架 1 个、移液管(10 mL)1 支。

(2)试剂:30% 双氧水(分析纯)、KI(分析纯)。

四、实验步骤

(1)按图 4-1 安装好量气装置。

(2)试漏。旋转三通活塞,使系统与外界相通(标签对着侧面支管,三通与锥形瓶、量气管和外界大气均相通),举高水准瓶,使水充满量气管。然后旋转三通活塞,使系统与外界隔绝(标签朝下,三通仅与锥形瓶、量气管相通),降低水准瓶,使量气管与水准瓶水位相差 10 cm 左右,若量气管的读数在 2 min 内不变,即表示系统不漏气;否则应找出漏气原因,并设法排除。

(3)移取新配制的质量分数为 0.5% 的 H_2O_2 溶液 25 mL,注入洁净、干燥的锥形瓶,并放入一个磁子,塞好带有量气管的橡胶塞。此时系统通大气,调节水准瓶,使量气管与水准瓶液面在同一高度,并与零刻度对齐。再取 0.1 mol/L KI 溶液 20 mL 注入锥形瓶,迅速将橡胶塞塞紧。打开电磁搅拌器,调节好搅拌速度,旋转三通活塞,使系统与大气隔绝,同时记录反应起始时间,在随时保持水位瓶液面与量气管液面水平的条件下,每隔 1 min 读取量气管读数 1 次,共读 12~15 组数据。按上述方法重复测量两次。

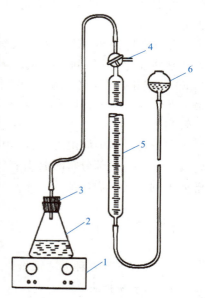

图 4-1 过氧化氢分解实验装置
1—磁力搅拌器;2—锥形瓶;3—橡胶塞;
4—三通活塞;5—量气管;6—水位瓶

(4)另取一清洁干燥的锥形瓶,改变催化剂的加入量,即加入 25 mL 0.5% 的 H_2O_2 溶液,0.2 mol/L KI 溶液 20 mL,按实验步骤(3)测出两组 V_t 数据。

(5)也可改变 H_2O_2 的初始浓度,即移取 25 mL 0.3% 的 H_2O_2 溶液[用第(3)步中配制的溶液稀释即可],并加入 0.2 mol/L KI 溶液 20 mL,同前法进行测定。

(6)测定 H_2O_2 的初始浓度。用移液管准确移取 5 mL H_2O_2 于 250 mL 锥形瓶,加 10 mL 3 mol/L H_2SO_4 并用 0.04 mol/L $KMnO_4$ 标准溶液滴定,至显淡红色为止,计算 H_2O_2 的摩尔浓度 $c_{A,0}$(教师操作,并给出 $c_{A,0}$)。

五、记录与数据处理

(1)实验室温度:_____℃;实验室大气压:_____Pa。
(2)将测定的不同时间 O_2 的体积填入表 4-4。

表 4-4　不同时间氧气体积数据

时间 t/min	O_2 体积 V_t/mL	$V_\infty - V_t$	$\ln(V_\infty - V_t)$

(3)计算 V_∞。
(4)以 $\ln(V_\infty - V_t)$ 为纵坐标,t 为横坐标作图,从所得直线斜率求出反应速率常数 k。
(5)根据速率常数 k 求出反应的半衰期 $t_{1/2}$。

六、实验注意事项

(1)在整个读数过程中,必须保持水位瓶的液面与量气管的液面始终一致。
(2)旋转三通活塞,使系统与外界相通时,标签要对着侧面支管。此时,三通与三个支管全部相通,即与锥形瓶、量气管和外界大气均相通。旋转三通活塞,使系统与外界隔绝时,标签要朝下。此时,三通仅使锥形瓶内产生的气体与量气管相通,而与外界大气不通。
(3)若系统漏气,一般情况都是锥形瓶的橡胶塞没塞紧。
(4)用磁力搅拌器搅拌时,搅拌速度不能太快,并且搅拌速度调好后,不要任意改变。
(5)每组测量数据的时间要连续记录。

七、思考题

(1)反应速率常数与哪些因素有关?
(2)读取 O_2 体积时,量气管及水准瓶中水面处于同一水平位置的作用是什么?
(3)反应过程中为什么一直要均匀搅拌?搅拌快慢对测定结果会有何影响?
(4)H_2O_2 和 KI 溶液的初始浓度对实验结果是否有影响?应根据什么条件进行选择?

八、实验讨论与拓展

如果改变实验温度(调节超级恒温水浴),重复上述操作步骤,测定不同温度下的速率系数,即可根据阿伦尼乌斯公式计算反应的活化能。

计算公式如下

$$\ln \frac{k_2}{k_2} = -\frac{E_a}{R}\left(\frac{1}{T_2} - \frac{1}{T_1}\right)$$

第五章 表面与胶体化学实验

实验二十 最大气泡法测定溶液表面张力

一、实验目的

(1) 掌握最大气泡压力法测定溶液表面张力的原理和方法。
(2) 测定不同浓度正丁醇水溶液的表面张力并计算其表面吸附量。

二、基本原理

液体表面分子与内部分子所受的作用力不同,表面分子受到向内的拉力,所以液体的表面都有自动缩小的趋势。在恒温恒压条件下,可逆地使表面积增加 dA 时所需对体系做的功,称为表面功,表示为

$$dG = -\delta W' = \gamma dA \tag{5-1}$$

式中,γ 称为比表面吉布斯自由能,简称为比表面能,表示恒温恒压和组成不变的条件下,增加单位表面积时需对系统做的可逆非体积功,也可以是增加单位表面积时系统吉布斯自由能的改变值,其单位是 J/m^2。此外,γ 也常被称为表面张力,表示作用在表面单位长度上的作用力,其单位是 N/m,方向垂直于边界线,与表面相切。

表面张力是液体的重要性质之一,与温度、压力、浓度及共存的另一相的组成有关。

在一定温度下,纯液体的表面张力为定值,当加入溶质形成溶液时,表面张力发生变化,其变化的大小决定于溶质的性质和加入量的多少。溶质在表面浓度与溶液本体浓度不同的现象称为溶液的表面吸附现象。在指定的温度和压力下,溶质的吸附量与溶液的表面张力及溶液的浓度之间的定量关系遵守吉布斯吸附等温方程式:

$$\Gamma = -\frac{c}{RT}\left(\frac{\partial \gamma}{\partial c}\right)_T \tag{5-2}$$

式中,Γ 为吸附量(mol/m^2),γ 为表面张力(N/m),c 为溶液浓度(mol/m^3),T 为热力学温度(K),R 为摩尔气体常数[$J/(mol \cdot K)$]。

当 $\left(\frac{\partial \gamma}{\partial c}\right)_T < 0$ 时,$\Gamma > 0$,为正吸附;当 $\left(\frac{\partial \gamma}{\partial c}\right)_T > 0$ 时,$\Gamma < 0$,为负吸附。前者表明加入溶质使液体表面张力下降,此类物质称为表面活性物质。后者表明加入溶质使液体表面张力升高,此类物质称为非表面活性物质。因此,从 Gibbs 关系式(5-2)可以看出,只要测出不同浓度溶液的表面张力,以 $\gamma \cdot c$ 作图,在图的曲线上作不同浓度的切线,把切线

的斜率代入 Gibbs 吸附公式，即可求出不同浓度时气-液界面上的吸附量 Γ。根据朗格谬尔（Langmuir）公式：

$$\Gamma = \Gamma_m \frac{Kc}{1+Kc} \tag{5-3}$$

式中，Γ_m 为饱和吸附量；K 为经验常数。将式(5-3)化为直线方程，则有

$$\frac{c}{\Gamma} = \frac{1}{\Gamma_m K} + \frac{1}{\Gamma_m} c \tag{5-4}$$

以 c/Γ 对 c 作图可得一条直线，该直线斜率为 $1/\Gamma_m$，可求出 Γ_m。

如果以 N 代表饱和吸附时 $1\ m^2$ 表面层的分子数，则 $N = \Gamma_m L$，L 为阿伏伽德罗常数。所以饱和吸附时，每个被吸附分子在表面上所占的面积，即为分子的截面面积 a_m，即

$$a_m = \frac{1}{\Gamma_m L} \tag{5-5}$$

在本实验中，应用最大气泡压力法测表面张力，实验装置如图 5-1 所示。将待测表面张力的液体装入表面张力管，使毛细管的端面与液面相切，液面即沿着毛细管上升，打开滴液漏斗的活塞缓慢放水(每分钟 5 滴)，此时，由于毛细管内液面上所受的压力($p_{系统}$)大于支管试管中液面上的压力($p_{大气}$)，故毛细管内的液面逐渐下降，并从毛细管管端缓慢地逸出气泡。在气泡形成过程中，由于表面张力的作用，凹液面产生了一个指向液面外的附加压力 Δp，因此有下列关系：

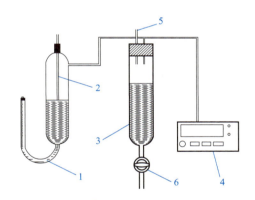

图 5-1 表面张力测试装置示意
1—样品管；2—毛细管；3—减压瓶；4—精密数字压力计；5—通大气的玻璃管；6—活塞

$$\Delta p = p_{系统} - p_{大气} \tag{5-6}$$

附加压力 Δp 和溶液的表面张力 γ 成正比，与气泡的曲率半径 R 成反比，其关系式为

$$\Delta p = \frac{2\gamma}{R} \tag{5-7}$$

若毛细管管径较小，则形成的气泡可视为球形。气泡刚形成时，由于表面几乎是平的，所以曲率半径 R 极大；当气泡形成半球形时，曲率半径 R 等于毛细管管径 r，此时 R 值为最小；随着气泡的进一步增大，R 又趋增大(图 5-2)，直至逸出液面。根据式(5-7)可知，当 $R=r$ 时附加压力最大为

$$\Delta p_m = \frac{2\gamma}{r} \tag{5-8}$$

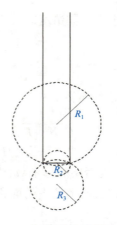

图 5-2 气泡形成过程示意
1—呈球缺，$R_1 > r$；2—呈半球形，$R_2 = r$；3—球缺增大，$R_3 > r$

最大附加压力 Δp_m 可由压力计读出。实验中，若是用同一支毛细管和压力计，则 $r/2$ 是一个常数，称作仪器常数，用 K 来表示。则有

$$\gamma = K \Delta p_m \tag{5-9}$$

如果将已知表面张力的液体作为标准，由实验测得其 Δp_m，就可求出仪器常数 K 的值。然后用这一仪器测定其他液体的 Δp_m 值，利用式(5-9)即求得各种液体的表面张力 γ。

三、仪器和试剂

(1) 仪器：表面张力测定装置 1 套、毛细管(0.2~0.3 mm)1 支、容量瓶(250 mL)1 个、刻度移液管(10 mL)1 支、刻度移液管(2 mL)1 支、容量瓶(50 mL)8 个、烧杯(100 mL)1 个、胶管、洗耳球、滴管、T 形夹。

(2) 试剂：正丁醇(分析纯)。

四、实验步骤

1. 溶液配制

(1) 配制 0.50 mol/L 的正丁醇溶液 250 mL。先按正丁醇的摩尔质量和室温下的密度计算需用正丁醇的体积。在 250 mL 容量瓶中装好约 2/3 的蒸馏水，用适宜的移液管吸取所需正丁醇的体积加入，用蒸馏水定容，摇匀。

(2) 配制一系列正丁醇稀溶液。洗净 8 个 50 mL 容量瓶并标号，用适宜的移液管吸取所需 0.50 mol/L 正丁醇标准溶液的体积，加到各个 50 mL 容量瓶中，用蒸馏水定容，配制浓度分别为 0.02 mol/L、0.05 mol/L、0.10 mol/L、0.15 mol/L、0.20 mol/L、0.25 mol/L、0.30 mol/L、0.35 mol/L 的正丁醇水溶液。

2. 仪器准备和检漏

(1) 实验前将毛细管和样品管洗净。在样品管中装适量的蒸馏水，调节样品管中液面的高度，使毛细管低端恰好与液面相切，并且样品管与桌面垂直。滴液瓶装满自来水。

(2) 将测量装置插上电源，打开电源开关，预热 5 min。将样品管置恒温槽中达指定温

度(或室温)，按下置零按钮，仪器显示为"0000"。

(3)连接好全部仪器，缓缓打开滴液瓶的活塞，使体系内的压力降低，精密数字压力计显示一定数值时，关闭滴液瓶的活塞，观察精密数字压力计读数，若2～3 min内数字不变，则说明体系不漏气，可以进行实验。否则，检查漏气原因，及时排除。

3. 仪器常数测定

缓慢打开滴液瓶的活塞，使气泡从毛细管管口成单泡逸出。调节气泡逸出的速度为3～5 s/个，精密数字压力计显示最大压差 Δp_m 时，记下读数，重复读数3次，取平均值。

4. 溶液表面张力的测定

(1)将已配好的正丁醇待测溶液，按由稀到浓的浓度顺序，按照仪器常数测定方法依次测量各溶液的最大压差 Δp_m，每次更换溶液时不必烘干样品管及毛细管，需用少量待测溶液仔细淌洗三次（与测水时方法相同，但置零按钮不再置零）。

(2)实验完成后用蒸馏水洗净玻璃仪器，并将毛细管浸入蒸馏水中保存。

五、数据记录和处理

(1)实验室温度：_____℃；实验室大气压：_____Pa。

(2)记录不同浓度正丁醇溶液的最大压差 Δp_m，填入表5-1。

(3)由附表11查出实验温度下水的表面张力，根据式(5-9)计算仪器常数 K。

(4)利用式(5-9)计算不同浓度正丁醇水溶液的表面张力 γ，并填入表5-1。以浓度 c 为横坐标，表面张力 γ 为纵坐标作 γ-c 曲线图（横坐标浓度从零开始）。

(5)γ-c 曲线上分别在不同浓度点做曲线的切线，求出其斜率，根据式(5-2)计算各相应浓度下的吸附量 Γ，数据结果填入表5-1。

(6)以 c/Γ 对 c 作图得一直线，由直线的斜率求出 Γ_∞。

(7)根据式(5-5)计算正丁醇分子的截面面积 a_m。

表 5-1　不同浓度正丁醇溶液的最大压差及处理数据

$c/(\text{mol} \cdot \text{L}^{-1})$	$\Delta p_m/\text{Pa}$			$\overline{\Delta p_m}/\text{Pa}$	$\gamma/(\text{N} \cdot \text{m}^{-1})$	$(\partial \gamma / \partial c)_T/(\text{N} \cdot \text{m}^2 \cdot \text{mol}^{-1})$	$\Gamma/(\text{mol} \cdot \text{m}^{-2})$
	1	2	3				
0							
0.02							
...							

注：以一组数据为例，列出计算过程，其他数据可直接填入表中。

六、实验注意事项

(1)测量用的毛细管一定要干净，应保持垂直，其管口刚好与液面相切，否则气泡不能连续稳定逸出，使压力计的读数不稳定，影响溶液的表面张力。

(2)测定 K 后（即水后）仪器不再置零。

(3)测定待测液时，要按由稀到浓的浓度顺序进行测定。每改变一次测量溶液可以直接用待测的溶液反复润洗样品管和毛细管，确保所测量溶液浓度与实际溶液浓度相一致。

(4)每测定完一个溶液,要先关闭滴液瓶的活塞后再更换溶液。

(5)应严格控制气泡逸出速度在 5 s 左右逸出 1 个,读取压力计的压差时,应取气泡单个逸出时的最大压力差。

(6)处理数据时注意统一单位。

七、思考题

(1)若毛细管不干净,对实验结果有何影响?

(2)用本方法测定表面张力时,为什么要测仪器常数?如何测定?

(3)为什么毛细管管端应平整光滑?为什么安装时要垂直并刚好接触液面?

(4)用最大气泡法测定表面张力时为什么要读最大压力差?

八、实验讨论与拓展

(1)使用的样品管及毛细管必须彻底洗涤。如果毛细管洗涤不干净,不仅影响表面张力值,而且会使气泡不能有规律地单个连续逸出。毛细管插入溶液的深度直接影响测量结果的准确性,这是因为溶液的静压力会增加对气泡壁的压强,为了减少静压力的影响,应尽可能减少毛细管的插入和深度,使插入深度与液面刚好相切。

(2)本实验在利用 Γ-c 曲线求算斜率过程中,往往由于人为的因素产生误差,解决办法之一就是适当多测定数据,利用计算机拟合出 Γ-c 的平滑曲线,并给出曲线的数学方程,根据此方程求算斜率。学生可以尝试这种处理方法。

(3)根据毛细管上升原理,只有在毛细管中呈凹面的液体才能沿管壁上升,并随管内外压差逐渐增大而形成气泡逸出,因此,最大气泡压力法只适用测定对管壁润湿的液体。式(5-8)在推导中假设逸出的气泡成半球形,与实际情况有出入,对于精确的测量要经过校正,若采用内径较小的毛细管,则气泡的形状与球形相差甚微,可不必进行复杂的校正计算。另外,本实验以浓度代替活度,利用式(5-2)求算表面吸附量 Γ,这种计算仅对非离子型溶质(如乙醇、正丁醇等)近似成立,对浓度较大的离子型溶质并不适用。

(4)测定液体表面张力的方法还有毛细管法、脱环法、滴重法和吊片法等,这些方法都有各自的特点和适合体系,本实验的最大气泡压力法装置简单、操作方便,适合测定纯液体或溶质分子量较小溶液的表面张力。

九、计算机处理数据

利用 Origin 软件作 γ-c 曲线,求出各浓度下的吸附量。

1. 输入数据

启动 Origin 软件后,出现一个默认"Book1"的"Worksheet"窗口,其中有默认为 A(X)、B(Y)两列,将数据按"溶液浓度 c"为 X 坐标,"压差 Δp_m"为 Y 坐标分别输入其中。

(1)计算表面张力。单击上方工具栏中的 ■ 按钮或是用"Column"菜单中选择"Add New Column"添加新的一列(C 列)。选定 C 列,单击鼠标右键,在下拉菜单中选择"Set column values",弹出"Set Values"对话框,在"Col(C)="下面的文本框中输入"Col(B) * K",将 B 列的数值乘以仪器常数 K。然后单击"OK"按钮，计算的表面张力 γ 值即输入 C 列。

(2) 绘制 γ-c 拟合曲线。选定 A(X)、C(Y) 两列，单击窗口下方工具栏中的 按钮或在"Plot"菜单中选择"Symbol"→"Scatter"命令，即可得散点图。然后进行一阶指数衰减式拟合：在"Analysis"菜单下选择"Fit"→"Fit Exponential"命令，单击"Fit"按钮，即得到 γ-c 的拟合曲线。

(3) 计算微分值。在"Analysis"菜单下，选择 Origin 工具栏中的"Mathematics"→"Differentiate"命令，弹出"Mathematics：differentiate"求导对话框，单击"OK"按钮，Origin 将自动计算出拟合曲线各点的微分值，并存放于"Book1"工作表的最后一列"D(Y)"(Derivative)，即为 $(d\sigma/dc)$ 值。

2. 求表面吸附量

添加新的一列 E(Y) 列，单击其顶部选中 E(Y) 列，右击，在快捷菜单中选择"Set Column Values"，弹出"Set Values"对话框，在文本框中输入相应的 Γ 计算式，单击"OK"按钮，即把 Γ 值填入 E(Y) 列。然后选中溶液浓度 c 的 A(X) 和吸附量 Γ 的 E(Y) 列数据，单击窗口下方工具栏中的 按钮，或在"Plot"菜单中选择"Line+Symbol"，即可得到 Γ-c 的点线图。从曲线的最高峰可得其对应的 Γ_∞ 值。

实验二十一　胶体的制备、性质及电泳

一、实验目的

(1) 通过实验观察并熟悉胶体的丁达尔现象及电泳现象。
(2) 掌握电泳法测定 $Fe(OH)_3$ 溶胶的电泳速度及电势的原理和方法。

二、实验原理

胶体是一个高度分散的多相系统，其分散相粒子大小为 1～1 000 nm。当一束光投射到分散相粒子，若粒子的直径小于入射光的波长，则光波可以绕过粒子向各个方向传播，这就是光的散射作用。胶体粒子的直径小于可见光的波长，因此胶体系统光的散射作用明显。当一束光投射到胶体上，在与入射光垂直的方向上可看到光的通路，称为丁达尔现象，而真溶液无此现象。据此可判断一液态混合物是胶体还是真溶液。

在胶体的分散系中，由于胶体本身的电离或胶粒对某些离子的选择性吸附，使胶粒的表面带有一定的电荷。在外电场作用下，胶粒向异性电极定向泳动，这种胶粒向正极或负极移动的现象称为电泳。荷电的胶粒与分散介质间的电势差称为电动电势，用符号 ζ 表示，电动电势的大小直接影响胶粒在电场中的移动速度。原则上，任何一种胶体的电动现象都可以用来测定电动电势，其中，最方便的是用电泳现象中的宏观法来测定，也就是通过观察溶胶与另一种不含胶粒的导电液体的界面在电场中移动速度来测定电动电势。电动

电势 ζ 与胶粒的性质、介质成分及胶体的浓度有关。在指定条件下，ζ 的数值可根据亥姆霍兹方程式计算：

$$\zeta = 3.6 \times 10^{10} \eta \pi u / \varepsilon H \tag{5-10}$$

式中，η 为介质的黏度($Pa \cdot s$)，本实验为水的黏度，可查附表 8；ε 为介质的介电常数，对于水而言，$\varepsilon = 81$；u 为电泳速度(m/s)；H 为电位梯度(V/m)，即单位长度上的电位差。

$$H = E/l \tag{5-11}$$

式中，E 为外加电场的电压数值(V)，l 为两极之间的距离(m)，本实验取 $l = 0.33\ m$。

对于一定溶胶而言，若固定 E 和 l，测得胶粒的电泳速度为

$$u = \Delta h / t \tag{5-12}$$

式中，Δh 为胶粒移动的距离，t 为通电时间，就可以算出 ζ。

三、仪器和试剂

(1)仪器：电泳仪 1 台、电泳测定管 1 个、电导率仪 1 台、漏斗 1 个、搅拌棒 1 个、长滴管 2 支、烧杯(800 mL、250 mL、100 mL)各 1 个、试管 5 支、丁达尔现象观测箱、量筒(10 mL)1 个、锥形瓶(100 mL)2 个、铁架台 2 个。

(2)试剂：HCl 溶液(3 mol/L)、$Fe(OH)_3$ 胶体、$AgNO_3$(0.01 mol/L)、KI(0.01 mol/L)。

四、实验步骤

1. 胶体的制备

(1)取 30 mL 0.01 mol/L KI 液态混合物注入 100 mL 的锥形瓶，然后用滴定管把 20 mL 0.01 mol/L $AgNO_3$ 液态混合物慢慢地滴入，制得带负电性的 AgI 胶体(1 号胶体)。

(2)按上述方法取 30 mL 0.01 mol/L $AgNO_3$ 液态混合物加入 20 mL 0.01 mol/L KI 液态混合物中，制得带正电性的胶体(2 号胶体)。

用制得的 1 号和 2 号胶体，在暗室中进行丁达尔效应实验。

2. 溶胶的电泳现象

(1)半透膜的制备。

1)在一个内壁洁净、干燥的 250 mL 锥形瓶中，加入约 100 mL 火棉胶液，小心转动锥形瓶，使火棉胶液黏附在锥形瓶内壁上形成均匀薄层，然后倾出多余的火棉胶。

2)锥形瓶继续保持倒置，并不断旋转。待剩余的火棉胶流尽后，使瓶中的乙醚蒸发至闻不出气味为止，此时用手轻触火棉胶膜，若不粘手，则可再用电吹风热风吹 5 min。

3)往瓶中注满水，浸泡 10 min。若乙醚未蒸发完全，加水过早则半透膜发白不能用。若吹风时间过长，则膜变为干硬，易裂开。倒出瓶中的水，小心用手将膜与瓶壁分开一间隙。

4)慢慢注水于膜与瓶壁的夹层，使膜脱离瓶壁，轻轻取出，在膜袋中注入水，观察是否有漏洞。制好的半透膜不使用时，要浸放在蒸馏水中。

(2)$Fe(OH)_3$ 溶胶的制备。在 250 mL 烧杯中，加入 100 mL 蒸馏水，加热至沸，慢慢

滴入 5 mL 10%的 $FeCl_3$ 溶液（控制在 4～5 min 内滴完），并不断搅拌，滴加完溶液继续保持沸腾 3～5 min，即可得到红棕色的 $Fe(OH)_3$ 溶胶。

(3) $Fe(OH)_3$ 溶胶的纯化。将制得的 $Fe(OH)_3$ 溶胶注入半透膜内用线拴住袋口，置于装有约 300 mL 蒸馏水的大烧杯中，保持水温度为 60 ℃～70 ℃，进行热渗析。每 20 min 换一次蒸馏水，4 次后取出少量渗析水，分别用 1% $AgNO_3$ 及 1% KCNS 溶液检查 Cl^- 及 Fe^{3+}，如果仍存在，继续换水渗析，直到检查不出为止。将纯化过的 $Fe(OH)_3$ 溶胶移入一清洁干燥的 10 mL 小烧杯中待用。

(4) 辅助液的配制。用电导率仪测定 $Fe(OH)_3$ 溶胶在 25 ℃时的电导率。然后根据附表 13 所给出的 25 ℃时盐酸溶液的电导率与浓度的关系，用内插法求算与该电导率对应的盐酸浓度，并在 100 mL 容量瓶中配制该浓度的盐酸溶液，此稀盐酸溶液即为待用的辅助液。

(5) 装置仪器和连接线路。测定装置如图 5-3 所示。

将电泳管按装置图 5-3 连接好。关闭活塞，将渗析好的 $Fe(OH)_3$ 胶体由小漏斗沿壁慢慢倒入。打开活塞将气泡放出（注意：胶体中不能有气泡）。关闭活塞，用吸管将多余的胶体吸净，并用蒸馏水洗净活塞以上的管壁，再用配制的 HCl 溶液清洗一次，随后加入该 HCl 溶液至电脉管的 0 刻度。插入铂电极但不要塞紧，打开活塞使液面缓慢上升至电极浸入溶液 1 cm 左右。塞紧电极，记下胶体界面的高度。开启电源，将电压调节在 40～50 V，同时开始计时，至 60 min 后关闭电源，记下胶体界面移动的距离 Δh。

实验结束后，拆去电源，将电泳管上部的 HCl 溶液吸出（注意：不要晃动电泳管，以免 HCl 与胶体混合），然后从下端将胶体放入回收瓶，将电泳管冲洗干净、倒置。

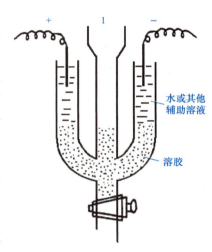

图 5-3 电泳装置图

五、数据记录与处理

(1) 实验室温度：_____℃；实验室大气压：_____Pa。
(2) 观测并记录丁达尔现象的实验结果。
(3) 将测量到的电泳实验数据填入表 5-2。

表 5-2 电泳实验数据

测定次数	通电时间 t/min	输出电压 E/V	两极距离 $l\times 10^2$/m	移动距离 $\Delta h\times 10^2$/m
1				
2				
3				

(4) 作 $\Delta h - t$ 图，所得直线斜率为胶体的电泳速度 u。

(5)由附表 8 查出水 25 ℃时的黏度和介电常数,再根据电泳速度 u 和平均电势差 E,计算出胶体的电动电势 ζ。

六、实验注意事项

(1)各溶胶制备时的条件及药品用量应严格遵守实验要求。
(2)观察丁达尔现象时眼睛与入射光的角度一定要垂直。
(3)辅助液的电导率要与 $Fe(OH)_3$ 溶胶的电导率相等。
(4)在加 $Fe(OH)_3$ 溶胶时要沿小漏斗壁慢慢倒入,避免胶体中出现气泡。
(5)打开活塞时要小心,不要晃动电泳管,这样才能使胶体与辅助液的界面清晰可见。

七、思考题

(1)胶体为什么会带电?何时带正电?何时带负电?为什么?
(2)电泳的速度与哪些因素有关?
(3)辅助液起什么作用?辅助液电导率为什么必须和所测溶胶的相等?在电泳测定中如果不用辅助液体,把两极直接插入溶胶中会发生什么现象?

八、实验讨论与拓展

(1)AgI 微溶于水(9.7×10^{-7} mol/L),当硝酸银液态混合物与易溶于水的碘化物混合时,应析出沉淀。但是如果混合成稀液态混合物时取其中之一过量,则不产生沉淀,而是形成溶胶。溶胶的性质与过剩离子的种类有关。在此,胶体的电荷是由于过剩离子被 AgI 吸附所致。在 $AgNO_3$ 过剩时,得正电荷的胶团,其结构式为

$$\{[AgI]_m n Ag^+ (n-x)NO_3^-\}^{x+} \cdot x NO_3^-$$

当 KI 过剩时,得负电荷性的胶团,其结构式为

$$\{[AgI]_m n I^- (n-x)K^+\}^{x-} \cdot x K^+$$

(2)由化学反应得到的溶胶都带有电解质,而电解质浓度过高,则会影响胶体的稳定性。通常用半透膜来提纯溶胶,称为渗析。半透膜孔径大小以允许电解质通过而胶粒不能通过为宜。此外,本实验用热水渗析是为了提高渗析效率,保证纯化效果。

(3)电泳的实验方法有多种,本实验方法称为界面移动法,适用溶胶或大分子溶液与分散介质形成的界面在电场作用下移动速度的测定。此外,还有显微电泳法和区域电泳法。显微电泳法用显微镜直接观察质点电泳的速度,要求研究对象必须在显微镜下能明显观察到,在质点本身所处的环境下测定,适用粗颗粒的悬浮体和乳状液。区域电泳是以惰性而均匀的固体或凝胶作为被测样品的载体进行电泳,以达到分离与分析电泳速度不同的各组分的目的。该法简便易行、分离效率高、用样品量少,还可避免对流影响,现已成为分离与分析蛋白质的基本方法。

电泳技术是发展较快、技术较先进的实验手段,其不仅用于理论研究,还有广泛的实际应用,如陶瓷工业的黏土精选、电泳涂漆、电泳镀橡胶、生物化学和临床医学上的蛋白质及病毒的分离等。

实验二十二　电导法测定表面活性剂的临界胶束浓度

一、实验目的

(1) 加深对表面活性剂的结构特性及胶束形成原理的理解。
(2) 掌握用电导法测定十二烷基硫酸钠的临界胶束浓度的方法。
(3) 掌握电导率仪的使用方法。

二、基本原理

表面活性剂是具有明显"两亲"性质的分子，既含有亲油的足够长的烃基，又含有亲水的极性基团，由这一类分子组成的物质称为表面活性剂，表面活性剂分子都是由极性部分和非极性部分组成的。按电离状况，表面活性剂可分为离子型和非离子型两大类。离子型表面活性剂又可分为阴离子型、阳离子型和两性离子型表面活性剂。

将表面活性剂溶于水中，一部分表面活性剂分子在表面聚集，形成定向排列的单分子膜；另一部分表面活性剂分子会结合成多分子聚集体，即形成"胶束"。胶束可以呈球状、棒状或层状。由于胶束的亲水基方向朝外，与水分子相互吸引，使表面活性剂能稳定地溶于水中，在热力学上是比较稳定的。表面活性物质在水中形成一定形状的胶束所需的最低浓度，称为临界胶束浓度，以 CMC 表示。

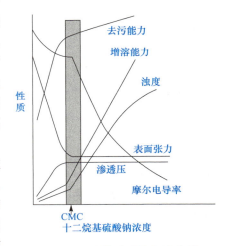

图 5-4　十二烷基硫酸钠水溶液的物理性质和浓度的关系

在 CMC 浓度前后，由于溶液表面和内部的结构改变，导致其很多物理性质（如表面张力、摩尔电导率、渗透压、去污能力、增溶作用、浊度、光学性质等）与浓度的关系曲线出现明显的转折，如图 5-4 所示。因此，可以通过测定溶液的某些物理性质的变化确定 CMC。理论上，上述任一物理性质随浓度的变化，都可以应用于测定表面活性剂的 CMC，常用的方法有表面张力法、电导法、染料法、浊度法、增溶作用法、光散射法等。

电导法是利用离子型表面活性剂水溶液电导率随浓度的变化关系，从电导率(κ)对浓度(c)曲线或摩尔电导率曲线上转折点求 CMC。此法仅对离子型表面活性剂适用，而对 CMC 值较大、表面活性低的表面活性剂因转折点不明显而不灵敏。

Λ_m 为 1 mol 电解质溶液的导电能力，c 为电解质溶液的稀溶液，Λ_m 随电解质浓度而变，对于强电解质的稀溶液，由柯尔劳施公式得

$$\Lambda_m = \Lambda_m^\infty - A\sqrt{c} \tag{5-13}$$

式中，Λ_m^∞ 为浓度无限稀时的摩尔电导率，A 为常数。

对于离子型表面活性剂溶液，当溶液浓度很稀时，电导的变化规律也和强电解质一样；但当溶液浓度达到临界胶束浓度时，随着胶束的生成，电导率发生改变，摩尔电导率出现转折，这就是电导率法测 CMC 的依据。

本实验采用电导法测定十二烷基硫酸钠水溶液的临界胶束浓度，测定不同浓度的十二烷基硫酸钠水溶液的电导率，并以电导率 κ 对浓度 c 作图，或以摩尔电导率 Λ_m 对 $\sqrt{c}$ 作图，从图中转折点便可求出临界胶束浓度 CMC 值。

三、仪器和试剂

(1)仪器：电导仪、恒温水浴各一台，容量瓶(100 mL 12 个、1 000 mL 1 个)。
(2)试剂：十二烷基硫酸钠(分析纯)、氯化钾(分析纯)。

四、实验步骤

(1)用电导水或重蒸馏水准确配制 0.01 mol/L 的 KCl 标准溶液。
(2)提前将十二烷基硫酸钠于 80 ℃干燥 3 h。用电导水准确配制 0.050 mol/L 的原始溶液。
(3)取 12 个 100 mL 容量瓶，用移液管分别量取适量的十二烷基硫酸钠原始溶液，稀释至刻度。配制浓度分别为 0.002 mol/L、0.004 mol/L、0.006 mol/L、0.008 mol/L、0.010 mol/L、0.012 mol/L、0.016 mol/L、0.020 mol/L、0.024 mol/L、0.028 mol/L、0.032 mol/L、0.036 mol/L 的溶液。
(4)调节恒温水浴使温度恒定至(25.0±0.1) ℃。开启电导率仪电源开关，预热约 20 min 后，对电导率仪进行校准(DDSJ-308A 型电导率仪使用方法请参见第七章第七节)。
(5)用 0.01 mol/L 的 KCl 标准溶液标定电导池常数。
(6)用电导率仪按照由稀到浓的顺序依次测定上述各溶液的电导率。测量前，用适量待测溶液荡洗电导电极和容器三次以上，各待测溶液必须恒温 10 min 以上，每个溶液的电导读数三次，取平均值。
(7)调节恒温水浴温度至(40.0±0.1) ℃。重复上述步骤(3)、(5)，测定该温度下各溶液的电导率。
(8)测量结束后用蒸馏水荡洗电导电极和容器，并测量所用蒸馏水的电导率。

五、数据记录与处理

(1)实验室温度：_____℃；实验室大气压：_____Pa。
(2)记录各浓度十二烷基硫酸钠溶液的电导率并换算成摩尔电导率，结果填于表 5-3。

表 5-3　不同温度下不同浓度的十二烷基硫酸钠溶液的电导率和摩尔电导率

$t=25$ ℃				$t=40$ ℃			
$c/(\text{mol}\cdot\text{L}^{-1})$	$\kappa/(\text{S}\cdot\text{m}^{-1})$	$\Lambda_m/(\text{S}\cdot\text{m}^2\cdot\text{mol}^{-1})$	$\sqrt{c}$	$c/(\text{mol}\cdot\text{L}^{-1})$	$\kappa/(\text{S}\cdot\text{m}^{-1})$	$\Lambda_m/(\text{S}\cdot\text{m}^2\cdot\text{mol}^{-1})$	$\sqrt{c}$
0.002				0.002			
...				...			

（3）根据实验数据，以电导率 κ 对浓度 c 作图，或以摩尔电导率 Λ_m 对 $\sqrt{c}$ 作图，从图中转折点确定临界胶束浓度 CMC 值。

六、实验注意事项

（1）电极不使用时应浸泡在蒸馏水中，使用时用滤纸将表面的水轻轻吸干，但不能擦拭电极上的铂片，以免影响电导池常数。
（2）配制溶液时必须保证表面活性剂完全溶解，否则会影响浓度的准确性。
（3）测量时被测体系一定要保持较好的恒温条件，且恒温时间不要过短，否则将影响测量数据的准确性。
（4）每次测定时需将电极铂片完全浸没在溶液中，轻轻摇动被测溶液，然后静置 2~3 min 后再测定并读数。

七、思考题

（1）若要知道所测得的临界胶束浓度是否准确，可以用什么实验方法进行验证？
（2）表面活性剂分子与胶束之间的平衡同浓度有关，试问如何测出其热能效应 ΔH 值。
（3）非离子型表面活性剂能否用本实验方法测定临界胶束浓度？若不能，则可用何种方法进行测定？

八、实验讨论与拓展

表面活性剂的渗透、润湿、乳化、去污、分散、增溶和起泡作用等基本原理广泛应用于石油、煤炭、机械、化工、冶金、材料，以及轻工业和农业生产中，研究表面活性剂溶液的物理溶液化学性质（吸附）和内部性质（胶束形成）有着重要意义。而临界胶束浓度（CMC）可以作为表面活性剂的表面活性的一种量度。因为 CMC 越小，则表示这种表面活性剂形成胶束所需浓度越低，达到表面（界面）饱和吸附的浓度就越低，因而改变表面性质起到润湿、乳化、增溶和起泡等作用所需的浓度也越低，另外，临界胶束浓度又是表面活性剂溶液性质发生显著变化的一个"分水岭"。因此，表面活性剂的大量研究工作都与各种体系中的 CMC 测定有关。

测定 CMC 的方法很多，常用的有表面张力法、电导法、染料法、增溶作用法、光散射法等。这些方法，原理上都是从溶液的物理化学性质随浓度变化关系出发求得。其中，表面张力和电导法比较简便、准确。表面张力法除可求得 CMC 外，还可以求出表面吸附等温线，此外还有一优点，就是无论对于高表面活性还是低表面活性的表面活性剂，其 CMC 的测定都具有相似的灵敏度，此法不受无机盐的干扰，也适合非离子表面活性剂。电导法是经典方法，简便可靠，但只限于离子性表面活性剂，此法对于有较高活性的表面活性剂准确性高，但过量无机盐的存在会降低测定灵敏度，因此，配制溶液应该用电导水。

实验二十三　醋酸在活性炭上的吸附

一、实验目的

(1)用溶液吸附法测定活性炭的比表面。
(2)了解溶液吸附法测定比表面的基本原理及测定方法。

二、实验原理

比表面是指单位质量(或单位体积)的物质所具有的表面面积，其数值与分散粒子大小有关。测定固体物质比表面的方法很多，常用的有 BET 低温吸附法、电子显微镜法和气相色谱法等。不过这些方法都需要复杂的装置或较长的时间。而溶液吸附法测定固体物质比表面，仪器简单，操作方便，还可以同时测定多个样品，因此常被采用，但溶液吸附法测定结果有一定误差。

活性炭对有机酸的吸附，在一定浓度范围内是单分子层吸附，当达到吸附平衡时，活性炭对有机酸的吸附符合朗格缪尔(Langmuir)吸附方程：

$$\varGamma=\varGamma_\infty\frac{Kc}{1+Kc} \tag{5-14}$$

式中，$\varGamma$ 表示吸附量，通常指单位质量吸附剂上吸附溶质的摩尔数；$\varGamma_\infty$ 表示饱和吸附量；c 表示吸附平衡时溶液的浓度；K 为常数。将式(5-14)整理可得如下形式：

$$\frac{c}{\varGamma}=\frac{1}{\varGamma_\infty K}+\frac{1}{\varGamma_\infty}c \tag{5-15}$$

作 $c/\varGamma$-c 图，得一直线，由此直线的斜率和截距可求出 $\varGamma_\infty$ 和常数 K。

如果用醋酸作为吸附质测定活性炭的比表面则可按式(5-16)计算：

$$S_0=\varGamma_\infty\times 6.023\times 10^{23}\times 24.3\times 10^{-20} \tag{5-16}$$

式中，S_0 为比表面(m^2/kg)，$\varGamma_\infty$ 为饱和吸附量(mol/kg)，6.023×10^{23} 为阿伏伽德罗常数，24.3×10^{-20} 为每个醋酸分子所占据的面积(m^2)。

三、仪器和试剂

(1)仪器：带塞三角瓶(250 mL)5 个、三角瓶(150 mL)5 个、滴定管(50 mL)1 支、漏斗、移液管(5 mL 1 支、15 mL 1 支、30 mL 1 支)、漏斗、电动振荡器 1 台。
(2)试剂：活性炭、HAc 溶液(0.4 mol/L)、NaOH 溶液(0.10 mol/L)、酚酞指示剂。

四、实验步骤

(1)准备 5 个洗净干燥的带塞三角瓶，分别称取约 1 g(准确到 0.001 g)的活性炭，并将 5 个三角瓶标明号数，用滴定管分别按表 5-4 所列数量加入蒸馏水与醋酸溶液。

表 5-4　各样瓶蒸馏水及醋酸溶液体积

瓶号	1	2	3	4	5
$V_{蒸馏水}$/mL	50.00	70.00	80.00	90.00	95.00
$V_{醋酸溶液}$/mL	50.00	30.00	20.00	10.00	5.00

(2) 将各瓶溶液配好以后，用磨口瓶塞塞好，并在塞上加橡皮圈以防塞子脱落，摇动三角瓶，使活性炭均匀悬浮在醋酸溶液中，然后将瓶放在振荡器上，盖好固定板，振荡 30 min。

(3) 振荡结束后，用干燥漏斗过滤，为了减少滤纸吸附的影响，将开始过滤的约 5 mL 滤液弃去，其余溶液滤在干燥三角瓶中。

(4) 从 1、2 号瓶中各取 15.00 mL，从 3、4、5 号瓶中各取 30.00 mL 的醋酸溶液，用标准 NaOH 溶液滴定，以酚酞为指示剂，每瓶滴两份，求出吸附平衡后醋酸的浓度。

(5) 用移液管取 5.00 mL 原始 HAc 溶液并标定其准确浓度。

五、数据记录与处理

(1) 实验室温度：_____ ℃；实验室大气压：_____ Pa。
(2) 用标准 NaOH 溶液标定原始 HAc 溶液，并计算 HAc 的 c_0。
(3) 分别滴定吸附平衡后 5 瓶溶液的醋酸浓度，平行测定两次，数据填入表 5-5。

表 5-5　活性炭吸附醋酸数据及计算结果

瓶号	V_{NaOH}/mL		活性炭质量 m/kg	起始浓度 c_0/(mol·dm^{-3})	平衡浓度 c/(mol·dm^{-3})	吸附量 Γ/(mol·kg^{-1})	$c\Gamma^{-1}$/(kg·dm^{-3})
	1	2					
1							
...							

(4) 计算各瓶醋酸的起始浓度 c_0 和平衡浓度 c，按式(5-17)计算吸附量 Γ(mol/kg)：

$$\Gamma = \frac{(c_0 - c)}{m} V \tag{5-17}$$

式中，V 为溶液的总体积(L)，m 为加入溶液中的吸附剂质量(kg)。

(5) 以吸附量 Γ 对平衡浓度 c 作吸附等温线，说明其变化趋势。
(6) 作 c/Γ-c 图，由直线的斜率和截距求出 Γ_∞ 和常数 K。
(7) 由 Γ_∞ 计算活性炭的比表面。

六、实验注意事项

(1) 温度及大气压不同，得出的吸附常数也不同，因此吸附温度要相同。
(2) 仪器要干燥；活性炭要注意密闭，防止其与空气接触影响吸附效果，导致误差。
(3) 使用浓的醋酸溶液时，操作过程中应防止醋酸挥发，以避免引起较大的误差。
(4) 活性炭在醋酸溶液中的吸附必须达到吸附平衡。

七、思考题

(1) 比表面的测定与温度、吸附质的浓度、吸附剂颗粒、吸附时间等有什么关系？

(2) 朗格缪尔(Langmuir)吸附等温式的应用有什么条件和要求？
(3) 如何加快吸附平衡的到达？如何判断已到达吸附平衡？

八、实验讨论与拓展

(1) 按朗格缪尔吸附等温线的要求，溶液吸附必须在等温条件下进行，盛有样品的碘量瓶置于恒温器中振荡，使之达到平衡。如果实验是在空气浴振荡器上振荡，实验过程中温度会有变化，这样会影响测定结果。

(2) 溶液吸附法测定结果误差较大，主要原因在于吸附时非球型吸附质在各种吸附剂表面吸附时的取向并不一致，每个吸附质分子的投影面积可以相差很远，所以溶液吸附法测定的结果有一定的相对误差，其测得的结果数据应以其他方法进行校正。然而溶液吸附法常被用来测定大量同类样品的比表面积相对值。

实验二十四　黏度法测定高聚物的平均摩尔质量

一、实验目的

(1) 学会和掌握恒温槽的使用。
(2) 掌握黏度法测定高聚物平均摩尔质量的基本原理。
(3) 掌握用乌氏黏度计测定黏度的实验技术及数据处理方法。

二、实验原理

在高聚物中，由于聚合度并不都相同，摩尔质量大多是不一样的，所以高聚物摩尔质量是指统计的平均摩尔质量。高聚物的平均摩尔质量不仅反映了高聚物分子的大小，而且直接关系到高聚物的物理性质，是高聚物重要的基本参数之一。

物质摩尔质量的测定方法有多种，用不同的方法测得的平均摩尔质量，往往具有不同的名称和数值，如凝固点降低法、沸点升高法、端基分析法、气相渗透压法和膜渗透压法等，测的是数均摩尔质量；光散射法测的是重均(或质均)摩尔质量；超速离心沉降速度法和凝胶渗透色谱法测的则是各种平均摩尔质量；黏度法测的是黏均摩尔质量。另外，应用红外分光光度计、脉冲核磁共振仪和电子显微镜等技术也可以测定高聚物的平均摩尔质量。上述几种方法除端基分布外，都需要较复杂的仪器设备和操作技术。而黏度法设备简单，测定技术容易掌握，实验结果也有相当高的准确度。因此，用溶液黏度法测高聚物的相对分子质量，是目前应用较广泛的方法。

测定黏度的方法主要有毛细管法、转筒法和落球法，在测定高分子溶液的黏度时，以毛细管法最为方便。它是采用把一定体积的液体流过一定长度的垂直的毛细管所需的时间来获得的高聚物在稀溶液中的黏度，反映的是高分子溶液在流动过程所存在的内摩擦，这种流动过程中的内摩擦主要有溶剂与溶剂分子之间的内摩擦，高聚物分子与溶剂分子间的内摩擦，以及高聚物与高聚物分子之间的内摩擦。溶剂与溶剂分子之间的内摩擦表现为纯溶剂的黏度 η_0，三种内摩擦的总和表现为高聚物溶液的黏度 η。

在相同温度下，高聚物溶液的黏度一般要比纯溶剂的黏度大，即 $\eta > \eta_0$。相对于溶剂，高聚物溶液黏度增加的分数称为增比黏度，以 η_{sp} 表示，即

$$\eta_{sp} = \frac{\eta - \eta_0}{\eta_0} \tag{5-18}$$

溶液黏度与纯溶剂黏度的比值称为相对黏度，记作 η_r，即

$$\eta_r = \eta/\eta_0 \tag{5-19}$$

η_r 是整个溶液的黏度行为，η_{sp} 则意味着扣除了溶剂分子之间的内摩擦效应。两者关系为

$$\eta_{sp} = \eta/\eta_0 - 1 = \eta_r - 1 \tag{5-20}$$

对于高分子溶液，增比黏度 η_{sp} 往往随溶液的浓度 c 增加而增加。为了便于比较，将单位浓度下所显示出的增比黏度，即 $\frac{\eta_{sp}}{c}$ 称为比浓黏度；而 $\frac{\ln \eta_{sp}}{c}$ 称为比浓对数黏度。相对黏度与增比黏度均为无量纲量。

为了进一步消除高聚物分子之间的内摩擦效应，必须将溶液浓度无限稀释，使每个高聚物分子彼此远离，其相互干扰可以忽略不计。这时溶液所呈现出的黏度行为最能反映高聚物分子与溶剂分子之间的内摩擦。因此，这一理论上定义的极限黏度称为特性黏度，记作 $[\eta]$。

$$\lim_{c \to 0} \frac{\eta_{sp}}{c} = \lim_{c \to 0} \frac{\ln \eta_{sp}}{c} = [\eta] \tag{5-21}$$

式中，$[\eta]$ 为特性黏度，其值与浓度无关。实验证明，当聚合物、溶剂和温度确定以后，$[\eta]$ 的数值只与高分子化合物平均摩尔质量 $\overline{M}$ 有关，它们之间的半经验关系用 Mark Houwink 方程式表示：

$$[\eta] = K\overline{M}^\alpha \tag{5-22}$$

式中，K 为比例常数；α 为与分子形状有关的经验常数。它们都与温度、聚合物、溶剂性质有关，在一定的摩尔质量范围内与摩尔质量无关。K 和 α 的数值可通过其他实验方法确定，如渗透压法、光散射法等，通常可查物性手册获得。对于聚乙二醇的水溶液，不同温度下的 K、α 值见表 5-6，黏度法通过测定 $[\eta]$ 的值来求算出 $\overline{M}$。

表 5-6　聚乙二醇不同温度时的 K 和 α 值(水溶液)

$t/℃$	$K \times 10^6/(\text{m}^3 \cdot \text{kg}^{-1})$	α
25	156	0.50
30	12.5	0.78
35	6.4	0.82
45	6.9	0.81

落球法和转筒法适用高、中黏度的测定；毛细管法适用较低黏度的测定。本实验采用毛细管法，用乌氏黏度计进行测定。当液体在重力作用下流经毛细管时，遵守 Poiseuille 定律：

$$\frac{\eta}{\rho} = \frac{\pi h g r^4 t}{8lV} - m\frac{V}{8\pi lt} \tag{5-23}$$

式中，η 为液体的黏度，ρ 为液体的密度，l 为毛细管的长度，r 为毛细管的半径，t 为流出的时间，h 为流过毛细管液体的平均液柱高度，V 为流经毛细管的液体体积，m 为毛细管末端校正的参数（一般在 $r/l<1$ 时，可以取 $m=1$）。

对于某一指定的黏度计而言，令 $A=\dfrac{\pi h g r^4}{8lV}$，$B=m\dfrac{V}{8\pi l}$，则式(5-23)可写成

$$\frac{\eta}{\rho} = At - \frac{B}{t} \tag{5-24}$$

式中，$B<1$，当流出的时间 t 大于 100 s 时，该项可以忽略。如果测定的溶液是稀溶液（$c<1\times10^{-2}\,\text{g/cm}^3$），溶液的密度 ρ 和溶剂的密度 ρ_0 可看作近似相等，因此可将 η_r 写成

$$\eta_r = \frac{\eta}{\eta_0} = \frac{t}{t_0} \tag{5-25}$$

式中，t 为溶液的流出时间；t_0 为纯溶剂的流出时间。所以通过溶剂和溶液在毛细管中的流出时间，从式(5-25)中即可求得 η_r，进而可计算得到 η_{sp}、$\dfrac{\eta_{sp}}{c}$ 和 $\dfrac{\ln\eta_r}{c}$ 值。

根据实验在足够稀的高聚物溶液中，比浓黏度和比浓对数黏度与浓度之间的关系分别符合 Huggins 方程和 Kraemer 方程。

$$\frac{\eta_{sp}}{c} = [\eta] + k[\eta]^2 c \tag{5-26}$$

$$\frac{\ln\eta_{sp}}{c} = [\eta] - \beta[\eta]^2 c \tag{5-27}$$

上两式中的 k 和 β 分别称为 Huggins 和 Kraemer 常数，式(5-26)和式(5-27)是两个关于浓度 c 的直线方程，通过 $\dfrac{\eta_{sp}}{c}$ 及 $\dfrac{\ln\eta_{sp}}{c}$ 对 c 作图可以得到两条直线，将这两条直线外推至 $c=0$ 时，在纵坐标上相交于同一点，由此可求出 $[\eta]$ 值。为了绘图方便，引进相对浓度 c'，令 $c'=c/c_0$。其中，c 表示溶液的实际浓度，c_0 表示溶液的起始浓度，如图 5-5 所示。

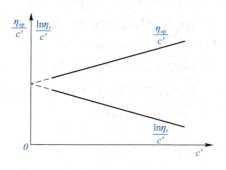

图 5-5　外推法求特性黏度示意

由图 5-5 可知，若截距为 m，则高聚物溶液的特性黏度 $[\eta]$ 为

$$[\eta] = m/c_0 \tag{5-28}$$

求得的特性黏度 $[\eta]$ 代入式(5-22)，即可求得高聚物的平均摩尔质量。

三、仪器与药品

(1)仪器：超级恒温槽 1 套、乌氏黏度计 1 支、电子天平 1 台、秒表 1 块、洗耳球 1 个、容量瓶(25 mL)1 个、移液管(10 mL)2 支、烧杯(50 mL)1 个、3 号玻璃砂漏斗 1 个、滴管 1 只、带弹簧夹的细乳胶管 2 根。

(2)试剂：聚乙二醇(A.R.)、蒸馏水。

四、实验步骤

1. 恒温槽水浴温度的调节

根据实验室室温，调节恒温槽温度。适当调节搅拌速度，避免产生剧烈震动。

2. 聚乙二醇溶液的配制

(1)在电子天平上准确称取 1.0 g 左右的聚乙二醇，放入洁净的 50 mL 烧杯，注入约 10 mL 的蒸馏水，用玻棒搅拌并适当加热，使聚乙二醇快速溶解。

(2)待聚乙二醇溶液冷却至室温后移入 25 mL 容量瓶，烧杯用蒸馏水淋洗两次，淋洗液一并加入容量瓶，蒸馏水定容至刻度。如果溶液中有固体杂质，则用 3 号玻璃砂漏斗过滤后待用。过滤不能用滤纸，以免混入纤维。

3. 黏度计的清洗与安装

(1)先将洗液灌入黏度计，使其反复流过毛细管部分；然后将洗液倒入专业瓶，再分别用自来水和蒸馏水各清洗三次，干燥后待用。

(2)在已洗净干燥的乌氏黏度计的 B 管和 C 管上端各套上一乳胶管，将 A 管固定在铁架台上，把黏度计垂直放入恒温槽，使球 1 部分完全浸没在水中。黏度计放置位置要合适，以便于观察液体的流动情况为准。

4. 溶剂流出时间 t_0 的测定

(1)移取 10 mL 蒸馏水经黏度计的 A 管注入黏度计，恒温 5 min。

(2)夹住 C 管上的乳胶管使之不通气，用洗耳球在 B 管乳胶管的上端吸气，待黏度计中的液体通过毛细管上升到球 1 中的 2/3 处时停止吸气。

(3)松开 C 管乳胶管上的弹簧夹，让空气进入球 3，此时球 3 中的液体迅速回落，使毛细管内的液体悬空。

(4)移走连接 B 管的乳胶管上端开口处的洗耳球，球 3 顶部以上的液体在重力作用下自由下落，眼睛水平注视 B 管中液面的下降。当最上面的液面流经 a 刻度线时，立即按下秒表计时；当该液面流经 b 刻度线时，再按下秒表，测得液体流经毛细管 a、b 之间所需的时间，重复测定三次，偏差不超过 0.3 s，取其平均值即为 t_0 值。

5. 溶液流出时间 t 的测定

(1)用移液管移取 10 mL 配制好的聚乙二醇溶液，加入前面测定 t_0 值的黏度计，用弹簧夹夹住 C 管上的乳胶管，用洗耳球将溶液反复吸至球 1 内 2/3 处，使加入的 10 mL 溶液与原先的 10 mL 蒸馏水混合均匀，此时溶液的相对浓度 $c'=1/2$。

(2)待恒温 5 min 后，按照步骤 4 的(2)~(4)同样的方法，测定 $c=1/2$ 的流经时间 t_1。

(3)用移取蒸馏水的 10 mL 移液管每次向黏度计中加入 10 mL 蒸馏水，将黏度计中的高聚物溶液分别稀释成相对浓度 c 为 1/3、1/4 和 1/5 的溶液，按照上一步骤的方法分别测定它们的流经时间 t_2、t_3、t_4（每个数据重复三次，取其平均值）。

五、数据记录与处理

(1) 实验室温度：_____ ℃；实验室大气压：_____ Pa。

(2) 记录纯溶剂和溶液流经时间的实验原始数据，并计算其平均值及其他相应物理量的值，结果填入表 5-7。

(3) 作 $\dfrac{\eta_{sp}}{c'}$-c' 图和 $\dfrac{\ln\eta_{sp}}{c'}$-c' 图，并外推至 $c'=0$，从截距求出特性黏度 $[\eta]$ 的值。

(4) 根据实验测量时的温度，查表 5-6 得到 K 和 α 值，应用式(5-22)求出聚乙二醇的黏均摩尔质量 $\overline{M}$。

表 5-7　黏度测定数据

种类		流出时间/s				η_r	η_{sp}	$\dfrac{\eta_{sp}}{c'}$	$\dfrac{\ln\eta_{sp}}{c'}$
		测定值			平均值				
		1	2	3					
溶剂					$t_0=$				
溶液	$c'=1/2$				$t_1=$				
	$c'=1/3$				$t_2=$				
	$c'=1/4$				$t_3=$				
	$c'=1/5$				$t_4=$				

六、注意事项

(1) 高聚物在溶解中溶解较为缓慢，配制溶液时应适当加热以确保完全溶解，否则影响溶液初始浓度值，使结果偏低。

(2) 黏度计必须洁净，如毛细管壁上挂有水珠，需用洗液浸泡。黏度计在加入纯溶剂蒸馏水前，必须干燥。

(3) 向黏度计加液体时，移液管应尽可能伸入 A 管底部，以免液体溅留在管壁，影响溶液浓度。

(4) 上吸溶液时不能太快，否则会产生气泡。

(5) 在测定溶液黏度时，加注液体后，需对黏度计内的液体混合均匀、恒温 5 min 后才能进行测量。

(6) 在抽干溶液时，不得把溶液带入乳胶管，否则要重作。

(7) 三管黏度计易折，一般只拿较粗的 A 管。若三管一把抓，一不小心稍用劲，就会折断。在 B 管或 C 管上接乳胶管时，应在管的外圈加少许水做润滑剂；此外，两手要近距离操作，作用力要在一条直线上。

七、思考题

(1)影响毛细管法测定黏度的因素是什么？

(2)为什么黏度计要垂直地置于恒温槽中？

(3)乌氏黏度计有何优点？黏度计中的支管 C 有什么作用？除去支管 C 是否仍可以测定黏度？

(4)黏度计毛细管的粗细对实验有何影响？

(5)测定蒸馏水的流出时间、蒸馏水的加入量是否要精确？

八、实验讨论与拓展

(1)黏性液体在毛细管中流出受各种因素的影响（如动能改正、末端改正、倾斜度改正、重力加速度改正、毛细管内壁粗度改正、表面张力粗度改正等），其中影响最大的是动能改正项。考虑了动能改正后的 Poiseuille 公式为下式，式中 m 为仪器常数。

$$\eta = \frac{\pi h \rho g r^4 t}{8lV} - \frac{mV\rho}{8\pi lt}$$

本实验忽略了上述诸因素的影响，其使用必须满足以下条件：

1)液体流动属于牛顿型流动，即液体的黏度与流动的切变速率无关。

2)液体的流动呈层流状态，没有湍流存在，要求液体流动速率不能太大。根据所用溶剂选择 V 和 r，并使溶剂流出时间 t_0 大于 100 s。

3)液体在毛细管管壁上没有滑动。

(2)测定高聚物相对分子质量的方法还有冰点降低法、沸点升高法、渗透压法、端基分析法、光散射法和超离心法等，这些方法所测定相对分子质量的类型和范围不尽相同。其中，前四种方法测定的是数均相对分子质量，其共同点都是利用稀溶液的依数性原理，适用测定相对分子质量小于 3×10^4 的高聚物，然后两种测定方法测定的是质均相对分子量。测定范围为 $10^4 \sim 10^7$。除端基分析法外，上述方法都需要较复杂的仪器和操作技术，本实验的黏度法设备简单，测量技术容易掌握，适合各种相对分子质量范围，是目前最常用的方法。

(3)毛细管黏度计又分为奥氏、乌氏和三管式三种，本实验使用的乌氏黏度计是由奥氏黏度计改进而来，其优点是溶液体积的多少对测量没有影响，因此，可以在黏度计中采用逐渐稀释的方法，得到不同浓度的溶液。黏度计的毛细管直径和长度及中间玻球大小的选择，应根据所用溶剂的黏度而定，使溶剂的流出时间为 100~130 s。

第六章 综合设计实验

实验二十五 不同食用油热值的测定

一、实验目的

(1) 掌握用氧弹式量热计测定液体样品燃烧热的方法。
(2) 比较不同食用油的热值,从营养学角度了解食用油的性质。

二、知识背景

氧弹量热计测量的基本原理是能量守恒定律,测定的是可燃物质的恒容摩尔燃烧热。在盛有一定量水的不锈钢容器中,放入装有一定量样品并充以高压纯氧的密闭氧弹,使样品完全燃烧,放出的热量使氧弹本身、周围介质水及附件的温度升高,测定燃烧前后氧弹量热计温度的变化值,即可求算该样品的恒容摩尔燃烧热,计算关系式如下

$$-\frac{m_{样}}{M}Q_{V,m} - q_{点} \, m_{点} = C(T_2 - T_1) \tag{6-1}$$

式中,$m_{样}$ 为样品质量(g),M 为样品的摩尔质量(g/mol),$Q_{V,m}$ 为样品的恒容摩尔燃烧热(J/mol),$q_{点}$ 为点火丝的燃烧热,$m_{点}$ 为点火丝的质量(g),T_1、T_2 分别为燃烧前后水的温度,C 为量热计(包括内水桶、氧弹、测温器件、搅拌器和水)的热容(J/K)。

量热计的热容表示量热计每升高 1 K 所需要吸收的热量。热容 C 一般可用已知燃烧热的标准物(如苯甲酸)放在量热计中燃烧,测定其始末温度,求仪器的热容。在已知量热计的热容后,就可以采用同样的方法测量其他物质的摩尔燃烧热。

食用油的热值可作为人食用后体内生化反应释放热量的衡量依据,也是开发油料作物的参考数据之一。高热值食品极易引起肥胖,并进一步诱发其他疾病,低热值食物有预防各种疾病和延年益寿的作用,故可将食用油热值与不饱和脂肪酸含量等指标结合起来作为选择食用油的依据。

三、设计要求

(1) 用苯甲酸标定量热计的热容。
(2) 依次测定花生油、大豆油、橄榄油、葵花子油、菜子油、猪油等食用油的燃烧热,写出测定的实验步骤。

(3) 用雷诺图解法校正测定数据，计算各食用油的恒容燃烧热，并进行比较和评价。

四、思考题

(1) 如何保证样品能完全燃烧？
(2) 植物食用油燃点均很高，单靠细的燃烧丝产生的温度能达到其燃点吗？如果不能，该如何解决？

实验二十六　电解质溶液平均活度因子的测定

一、实验目的

(1) 掌握用电动势法测定电解质溶液离子平均活度因子的基本原理和方法。
(2) 通过实验加深对活度、活度因子、平均活度、平均活度因子等概念的理解。

二、知识背景

由于电解质溶液电离出的正、负离子之间存在静电引力作用，所以真实溶液往往对理想溶液产生较大的偏离。对于真实溶液、真实液态混合物，通过引入活度 a 和活度系数 γ 的概念来修正其对理想溶液的偏差，两者之间的关系为

$$a_B = \gamma_B \frac{b_B}{b^\theta} \tag{6-2}$$

式中，a_B、γ_B 为组分 B 的活度和活度因子，b_B 为组分 B 的质量摩尔浓度，b^θ 为标准质量摩尔浓度。理想溶液中各组分的活度系数 γ_B 为 1，极稀的真实溶液（$b_B \to 0$）活度系数 $\gamma_B \to 0$。

对于电解质溶液，由于溶液是电中性的，单个离子的活度和活度因子不可测量。通过实验只能测量离子的平均活度因子 $\gamma_\pm$，它与平均活度 $a_\pm$、平均质量摩尔浓度 $b_\pm$ 之间关系为

$$a_\pm = \gamma_\pm \frac{b_\pm}{b^\theta} \tag{6-3}$$

电解质溶液活度系数是溶液热力学研究的重要参数，其测量方法主要有电导法、气液相色谱法、紫外分光光度法、凝固点下降法和电动势法等。采用电动势法测定 $ZnCl_2$ 溶液的平均活度因子，其方法是将浸泡在 $ZnCl_2$ 溶液中的锌电极与甘汞电极构成如下单液电池：

$$Zn(s) \mid ZnCl_2(a) \mid Hg_2Cl_2(s), Hg(l) \mid Pt$$

该电池反应为

$$Zn(s) + Hg_2Cl_2(s) = 2Hg(l) + Zn^{2+}(a_{Zn^{2+}}) + 2Cl^-(a_{Cl^-})$$

其电动势为

$$E = E^\theta(Hg_2Cl_2 \mid Hg) - E^\theta(Zn^{2+} \mid Zn) - \frac{RT}{2F} \ln a(Zn^{2+}) a(Cl^-)^2$$

$$= E^{\theta}(\text{Hg}_2\text{Cl}_2 \mid \text{Hg}) - E^{\theta}(\text{Zn}^{2+} \mid \text{Zn}) - \frac{RT}{2F}\ln a_{\pm}^3 \tag{6-4}$$

或
$$E = E^{\theta} - \frac{RT}{2F}\ln[(b_{\pm}/b^{\theta})^3 \gamma_{\pm}^3]$$

$$= E^{\theta} - \frac{RT}{2F}\ln[(b_{\text{Zn}^{2+}}/b^{\theta})(b_{\text{cl}^-}/b^{\theta})^2] - \frac{RT}{2F}\ln\gamma_{\pm}^3 \tag{6-5}$$

式中，$E = E^{\theta}(\text{Hg}^2\text{Cl}_2 \mid \text{Hg}) - E^{\theta}(\text{Zn}^{2+} \mid \text{Zn})$ 称为电池的标准电动势。

可见，当电解质的浓度 b 为已知值时，在一定温度下，只要测得电动势 E 的值，由标准电极电势表的数据求得 E^{θ}，即可得 $\gamma_{\pm}$。

三、设计要求

(1) 用实验室配制好的 1.0 mol/L 的 $ZnCl_2$ 溶液分别配制 0.1 mol/L、0.05 mol/L、0.01 mol/L 等浓度的 $ZnCl_2$ 溶液；
(2) 提出所需仪器名称、规格和数量；
(3) 画出试验装置图，组装仪器；
(4) 写出试验操作步骤；
(5) 分别测出 0.1 mol/L、0.05 mol/L、0.01 mol/L 等 $ZnCl_2$ 溶液的电池电动势。
(6) 计算不同浓度下 $ZnCl_2$ 溶液的平均活度因子。

四、思考题

查取不同浓度 $ZnCl_2$ 溶液的平均活度因子，并与实验结果进行比较，分析数据不一致的原因。

实验二十七 普通洗衣粉临界胶束浓度的测定

一、实验目的

(1) 了解表面活性剂临界胶束浓度的意义及常用的测定方法。
(2) 学习用两种方法测定普通洗衣粉的临界胶束浓度。

二、知识背景

洗衣粉是常见的清洁产品，与生活密切相关，其活性成分为阴离子型和非离子型表面活性剂。当溶液中表面活性剂浓度增大到一定值时，会缔合成胶态的聚合物形成胶束。在溶液中开始形成胶束的浓度称为该表面活性剂的临界胶束浓度，简称CMC。

临界胶束浓度(CMC)看作表面活性剂对溶液表面活性的一种量度。很少的表面活性剂就可起到润湿、乳化、加溶和起泡等作用。对于洗衣粉，其 CMC 越小，去污效果越高。临界胶束浓度还是含有表面活性剂水溶液的性质发生显著变化的一个"分水岭"。体系的多种性质在 CMC 附近都会发生一个比较明显的变化。因此，通过测定溶液表面活性剂浓度从零逐渐增大过程中，体系某些物理性质的变化确定 CMC。测定 CMC 的方法有很多种，如电导率法、表面张力法、比色法、比浊法等。

有资料表明普通洗衣粉的临界胶束含量一般为 0.2%，即 2 g/L，因此，在实验中可以此作为溶液浓度的配制范围。

三、设计要求

(1) 选用两种方法测定普通洗衣粉的 CMC，给出实验方案。
(2) 提出所用仪器名称、规格、数量和实验试剂。
(3) 将二组测定数据进行比较，分析不同测定方法的优点和缺点。

四、思考题

讨论不同测定方法的特点和适用类型。

实验二十八　酸度对蔗糖水解反应速率的影响

一、实验目的

(1) 了解酸度与蔗糖水解反应速度的关系。
(2) 理解准一级反应的含义。

二、设计提示

影响蔗糖水解反应速率的因素有反应温度、蔗糖浓度、水的浓度、酸催化剂的种类与浓度等。在催化剂的种类和实验温度一定的情况下，此反应的速率方程可写为

$$-\frac{dc_{蔗糖}}{dt} = k' c_{蔗糖} c_{H_2O} c_{H^+} \tag{6-6}$$

对于蔗糖稀溶液，由于水是大量存在的，尽管有部分水分子参加了反应，仍可近似认为整个实验过程中水的浓度是恒定的；同时，催化剂 H^+ 的浓度也保持不变。因此反应可写为

$$-\frac{dc_{蔗糖}}{dt} = k c_{蔗糖} \tag{6-7}$$

式中，k 为反应的表观速率常数，它与酸催化剂的种类和浓度有关。由于 k 中包含了 H^+ 的影响，因此，蔗糖转化反应可称为假一级反应或准一级反应。

蔗糖水解反应为酸催化作用下的反应。当选用不同酸作为催化剂（如 HCl、HNO$_3$、H$_2$SO$_4$、HClO$_4$）或同一种酸催化剂浓度不同时，则反应速率常数不同。一般认为当[H$^+$]较低时，速率常数与[H$^+$]成正比；但当[H$^+$]增加时，速率常数与[H$^+$]是不成比例的，而且用不同的酸催化剂对反应速率常数的影响也不一样。

三、设计要求

（1）设计不同酸在同一浓度下或同一种酸在不同浓度下，蔗糖水解反应表观速率常数的测定方案。包括蔗糖用量的选择、酸的种类和浓度的选择。
（2）提出所需仪器名称、规格和数量。
（3）写出实验操作步骤。
（4）计算速率常数，绘图并讨论酸度与速率常数的关系。

实验二十九　不同浓度硫酸铜溶液中铜电极电势的测定

一、实验目的

（1）学会数字式电位差测试仪的使用。
（2）掌握电池电动势及电极电势的测定方法。
（3）了解溶液浓度对电极电势及电池电动势的影响。

二、知识背景

原电池由正、负两极组成，其电动势 E 等于两极电极电势之差。以甘汞-铜电池为例：

$$Hg(l) \mid Hg_2Cl_2(s) \mid KCl(饱和) \parallel CuSO_4(0.500\ mol/L) \mid Cu(s)$$

$$E = E_+ - E_- = E(Cu^{2+} \mid Cu) - E(饱和甘汞)$$

饱和甘汞电极的电极电势与温度的关系为

$$E_{饱和甘汞}(V) = 0.241\ 5 - 7.61 \times 10^{-4}[T(K) - 298]$$

如测得电池的电动势 E，即可求出 $E(Cu^{2+} \mid Cu)$ 的电极电势为

$$E(Cu^{2+} \mid Cu) = E + E(饱和甘汞)$$

理论上，$E(Cu^{2+} \mid Cu)$ 的电极电势与浓度的关系遵从能斯特公式，即

$$E(Cu^{2+} \mid Cu) = E^\theta(Cu^{2+} \mid Cu) + \frac{RT}{2F}\ln a(Cu^{2+})$$

其中，$a(Cu^{2+}) = \gamma_\pm b(Cu^{2+})/b^\theta$。

三、设计要求

（1）配制 0.5 mol/L、0.25 mol/L 等不同浓度的 CuSO$_4$ 溶液；

(2)提出所需仪器名称、规格和数量；
(3)写出试验操作步骤；
(4)分别测定不同浓度 $CuSO_4$ 溶液组成电池的电动势，计算铜的电极电势。

四、思考题

随着 $CuSO_4$ 溶液浓度的增加，$E(Cu^{2+}|Cu)$ 电极电势的变化规律是怎样的？电极电势的理论计算值和相对误差是多少？分析测定值产生偏差的原因。

实验三十　溶胶的制备及其性质测定

一、实验目的

(1)掌握溶胶的制备及纯化技术。
(2)掌握溶胶性质测定的原理和方法。

二、知识背景

制备溶胶的方法通常有分散法和凝聚法两种。分散法是将较大的物质颗粒变为胶体粒子的大小，包括研磨法、超声波法、胶溶法、电弧法等。凝聚法是把物质的分子或离子聚集成胶体粒子，方法包括物理凝聚法、化学凝聚法、更换溶剂法等。

制得溶胶的溶剂中常含有一些电解质，过多的电解质存在反而会破坏溶胶的稳定性，因此需要将溶胶净化。最常用的方法是渗析，即利用胶粒不透过半透膜，而分子、离子能透过半透膜的性质。将溶胶盛入半透膜，再将其放入流动的水中。由于膜内外电解质浓度的差异，膜内的分子或离子向膜外迁移，可降低溶胶中电解质的浓度，从而达到净化溶胶的目的。

溶胶的分散相粒子粒径处于 1~1 000 nm，这种基本特征决定了溶胶具有区别于真溶液和粗分散体系的一些特殊性质，如溶胶的动力性质(布朗运动、扩散、渗透等现象)、光学性质(丁达尔效应)、电学性质(电动现象)及聚沉等。

胶体稳定的最重要的原因是胶体表面带有电荷及胶粒表面溶剂化层存在。使溶胶聚沉最常用的方法是加入电解质，电解质的聚沉能力主要取决于与胶粒带相反电荷离子的价数。

本实验采用化学凝聚法制备 $Fe(OH)_3$ 溶胶，并进行其性质测定实验。

三、仪器与药品

参考选择的仪器和药品：10% $FeCl_3$ 溶液、0.1 mol/L $Na_2S_2O_3$ 溶液、0.1 mol/L H_2SO_4 溶液、6%的火棉胶溶液、乙醚、0.1 mo/L $AgNO_3$ 溶液、电泳仪、DDS－308A 型

电导率仪、0～300 V 直流稳压电源、观察丁达尔现象的暗箱。

学生如果需要其他的仪器或试剂，可以向指导教师提出申请。

四、实验内容

1. 查阅资料

利用实验室提供的参考资料，或者利用计算机联网进行检索，查阅与本实验相关的内容，学习胶体的制备、净化及性质测定等相关知识。

2. 设计内容

在查阅资料的基础上，设计 $Fe(OH)_3$ 溶胶的制备方法，拟订进行溶胶性质实验的内容。

3. 方法提示及说明

按照拟订的实验内容，准备实验所需的仪器与药品，进行实验操作。实验可参考：溶胶的制备与净化；丁达尔效应试验；电泳实验，并通过电泳法测量溶胶的电动电势；溶胶的聚沉实验。

4. 撰写报告

将上述实验结果写成一篇报告，提交指导教师审阅。

实验三十一　固体比表面的测定

一、实验目的

(1) 掌握溶液吸附法测定固体的比表面的实验方法。
(2) 了解朗格缪尔单分子层吸附理论及吸附法测定比表面的理论。

二、知识背景

比表面是指单位质量(或单位体积)的物质所具有的表面面积，其数值与分散粒子大小有关。测定固体物质比表面的方法很多，常用的有气相色谱法、BET 低温吸附法和电子显微镜法等，不过这些方法都需要复杂的装置或较长的时间。溶液吸附法虽然测定误差较大，但其测量仪器简单，操作方便，还可以同时测定多个样品，因此常被采用。

吸附剂的吸附量是指单位质量吸附剂所吸附的吸附质的物质的量，溶液中按下式计算浓度 c 时的平衡吸附量 Γ：

$$\Gamma = \frac{(c_0 - c)}{m} V \tag{6-8}$$

式中，c_0 为溶液初始浓度，c 为溶液平衡浓度，V 为吸附溶液的总体积，m 为吸附剂质量。

根据朗格缪尔单分子层吸附理论,达到吸附平衡时,吸附质浓度符合朗格缪尔吸附方程:

$$\frac{c}{\Gamma} = \frac{1}{\Gamma_\infty k} + \frac{1}{\Gamma_\infty} c \tag{6-9}$$

作 c/Γ-c 图,由直线的斜率可求 Γ_∞,吸附剂比表面则可按下式计算:

$$S_0 = \Gamma_\infty L A \tag{6-10}$$

式中,S_0 为比表面;L 为阿伏伽德罗常数;A 为每个吸附质分子的横截面面积。

三、仪器与药品

参考选择的仪器和药品:721 分光光度计、恒温振荡器、离心机、分析天平、颗粒活性炭、带塞磨口锥形瓶、亚甲基蓝溶液(2 g/L)、乙酸溶液(0.4 mol/L)、氢氧化钠溶液(0.10 mol/L)、酚酞指示剂。

如果学生需要其他仪器或试剂,可以向指导教师提出申请。

四、实验内容

1. 查阅资料

利用实验室提供的参考资料,或者利用计算机联网进行检索,查阅与本实验相关的研究内容,特别是前人利用活性炭吸附有机酸和染料的研究结果。

2. 设计内容

通过查阅文献资料,制定出实验设计方案。将方案提交指导教师,经讨论修改后实施。

3. 方法提示及说明

实验研究可先从亚甲基蓝和乙酸在活性炭上的吸附开始,重复前人的工作,然后寻找其他替代的吸附质,并将测量结果与 BET 吸附法做对比,在选择其他吸附质时,需建立相应的分析方法及选择适当浓度测试范围。

4. 撰写报告

将实验结果写成一篇报告,提交指导教师审阅。

第七章 实验测量技术与仪器

第一节 温度测量技术与仪器

化学变化常伴有放热或吸热现象,热效应的大小一般是通过对体系温度的测量来实现的。温度是表征物体冷热程度的物理量,同时也反映了物质内部大量分子平均动能的大小,是确定系统状态的一个基本热力学参数,系统的物理化学特性都与温度密切相关。因此,准确测量和控制温度是实验、科研等的重要技术之一。

一、温标

温度是表征物体冷热程度的一个物理量。温度参数是不能直接测量的,一般只能根据物质的某些特性值与温度之间的函数关系,这些特性参数的测量间接获得。温标是温度数值的标定与度量的表示方法。常用温标有以下三种:

(1)热力学温标。热力学温标也称为开尔文温标或绝对温标,它是建立在卡诺循环基础上的,与测温物质的性质无关,是理想的、科学的温标。热力学温标用单一固定点定义。规定水的三相点到绝对零度之间的 1/273.16 为热力学温标的 1 度。符号为 T,单位为 K。

(2)摄氏温标。摄氏温标规定 101.325 kPa 下,以水的冰点为 0 ℃,沸点为 100 ℃ 作为两个定点,两定点之间划分 100 等份,每一等份为 1 摄氏度。符号为 t,单位为 ℃。

热力学温标与摄氏温标的关系:$T(K)=273.15+t(℃)$

(3)国际温标。国际温标是以热力学温标为基础,用气体温度计来实现热力学温标的,是一个国际协议性温标。现在采用的是 1990 国际温标(ITS90)。规定从高温到低温划分了四个温区,每一温区分别选定一个高度稳定的标准温度计,用来量度各固定点之间的温度值。选定的四个温区及相应的标准温度计见表 7-1。

表 7-1 四个温区的划分及相应的标准温度计

温度范围/K	13.81~273.15	273.15~903.89	903.89~1 337.58	1 337.58 以上
标准温度计	铂电阻温度计	铂电阻温度计	铂铑(10%)-铂热电偶	光学高温计

二、温度计

测量温度的仪器叫作温度计。根据所用测温物质和测温范围的不同可选择不同的温度计，实验室主要使用的是水银温度计、电子温度计及测量温差的贝克曼温度计。

1. 水银温度计

水银温度计是实验室中最常用的液体温度计，水银具有热导率大、比热容小、膨胀系数均匀，在相当大的温度范围内，体积随温度的变化呈直线关系，同时不润湿玻璃、不透明而便于读数等优点，因此，水银温度计是一种结构简单、使用方便、测量较准确的温度计。

(1) 水银温度计的使用方法。

1) 温度计的玻璃泡全部浸入被测液体，不要碰到容器底或容器壁。

2) 温度计玻璃泡进入被测液体后要稍候一会，待温度计的示数稳定后再读数。

3) 读数时温度计的玻璃泡要留在被测液体中，视线要与温度计中液柱的上表面相平。

4) 测量前先估测被测液体的温度，了解温度计的量程和分度值，若合适可进行测量。

对于长期使用的温度计，由于温度改变及玻璃毛细管发生变形等会导致刻度不准，这些在准确测量中都应予以校正。

(2) 水银温度计的校正。大部分水银温度计是"全浸式"的，使用时应将其完全置于被测体系，使两者完全达到热平衡。但实际使用时往往做不到这一点，所以在较精密的测量中需做校正。

1) 示值校正。可以用纯物质的熔点或沸点等相变点作为标准进行校正；也可以用标准水银温度计作为标准，与待校正的水银温度计同时测定某系统的温度，将对应值记录，做出校正曲线。

2) 露茎校正。全浸式水银温度计使用时应全部浸入被测系，达到热平衡后才能读数。全浸式温度计如不能全部浸没在被测体系中，露出部分的温度与系统温度不同，必然存在读数误差，因此必须进行校正。这种校正称为露茎校正，如图 7-1 所示。校正公式为

$$\Delta t = kn(t_{测} - t_{环}) \quad (7-1)$$

式中，Δt 为读数校正值；k 为水银对于玻璃的膨胀系数，使用摄氏度时 $k=0.00016$；n 为露出系统外部的水银柱长度，称为露茎高度，以温度差值表示；$t_{测}$ 为体系温度的测量值；$t_{环}$ 为露出体系外水银柱的有效温度（从放置在露出一半位置处的另一支辅助温度计读出）。

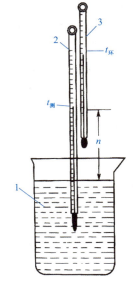

图 7-1 温度计露茎校正示意
1—被测体系；2—测量温度计；
3—辅助温度计

校正后体系的实际温度：$t_{实} = t_{测} + \Delta t$。

例如，测定某液体的 $t_{测}=136$ ℃，其液面在温度计的 30 ℃上，则 $n=136-30=106$（℃）。而 $t_{环}=25$ ℃，则 $\Delta t=0.00016\times106\times(136-25)=1.9$（℃）。

则该液体的实际温度：$t_{实}=t_{测}+\Delta t=136+1.9=137.9$（℃）。

由此可见，系统的温度越高校正值越大。300 ℃时，其校正值可达 10 ℃左右。

(3) 使用水银温度计的注意事项。

1) 应根据测量要求，选择不同量程、不同精度的温度计。超出水银温度计的使用量程易造成下端玻璃管破裂，发生水银污染。

2) 温度计读数时，注意使视线与水银柱液面位于同一平面，按凸面的最高点读数。

3)"全浸"式水银温度计在使用时,应当全部浸入被测系统,在达到热平衡后毛细管中水银柱液面不再移动时,方可读数。

4)水银柱的升降总是滞后于系统的温度变化,所以,对于温度变化的系统,在测定瞬时温度时,存在延迟误差,应予以校正。

5)精密温度计读数前应轻敲水银柱液面附近的玻璃壁,以防止水银黏附造成误差。

6)温度计尽可能垂直,以免因温度计内部水银压力不同而引起误差。

2. 贝克曼温度计

(1)贝克曼温度计的构造和特点。贝克曼(Beckmann)温度计是一种移液式内标温度计,专用于测量温差,不能作温度值绝对测量,所以也称为示差温度计。其结构如图 7-2 所示。其主要特点如下:

1)测量精度高。常用贝克曼温度计最小刻度为 0.01 ℃,用放大镜可以读准到 0.002 ℃。

2)量程范围小。贝克曼温度计一般只有 5 ℃ 量程,而 0.002 ℃ 刻度的量程只有 1 ℃。

3)使用范围较宽。贝克曼温度计的结构不同于普通温度计,拥有上、下两个水银储槽(1 和 4),水银储槽中的水银量可根据需要进行调节,因此,尽管量程只有 5 ℃,但可以在不同范围内使用。一般常用的贝克曼温度计可以在 -6 ℃~120 ℃ 使用。

4)用于测量温差。由于水银球中的水银量可变,因此,水银柱的刻度值不是温度的绝对值,只是在量程范围内的温度变化值。

5)易碎。使用时不能与坚硬物质碰撞,以免损坏温度计,使用完毕要断开上、下水银球,然后放置在规定盒中。

(2)贝克曼温度计的使用方法。首先根据实验的要求确定选用哪一类型的贝克曼温度计。使用时需经过以下步骤:

1)测定贝克曼温度计的 R 值。贝克曼温度计最上部刻度处 a 到毛细管末端 b 处所相当的温度值称为 R 值。将贝克曼温度计与一支普通温度计(最小刻度 0.1 ℃)同时插入盛水或其他液体的烧杯中加热,贝克曼温度计的水银柱就会上升,由普通温度计读出从 a 到 b 段相当的温度值,称为 R 值(大约 2 ℃)。一般取几次测量值的平均值。

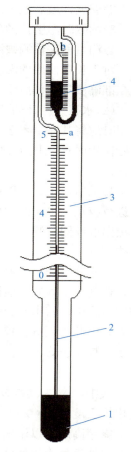

图 7-2 贝克曼温度计
1—水银球;2—毛细管;
3—温度标尺;4—水银储槽

2)水银球中水银量的调节。在使用贝克曼温度计时,首先应当将它插入一杯与待测体系温度相同的水中,达到热平衡以后,如果毛细管内水银面在所要求的合适刻度附近,说明水银球中的水银量合适,不必进行调节。否则,就应当调节水银球中的水银量。调节的具体步骤如下:

① 恒温水的准备。恒温水浴的温度 t' 选择按照下式计算:

$$t' = t + R + (4 - x) \tag{7-2}$$

式中,t 为实验温度;x 为 t 时贝克曼温度计的设定读数。

②水银量的调节。若水银球内水银过多,毛细管水银量超过 b 点,用左手握贝克曼温度计中部,将温度计倒置,右手轻击左手手腕,使水银储槽内水银与 b 点处水银连接,再将温度计轻轻倒转放置在温度为 t' 的水中,平衡后用左手握住温度计的顶部,取出后立即用右手轻击左手手腕,使水银储槽内水银在 b 点处断开。这一调节操作要迅速、轻快,并远离其他硬物,以免损坏温度计。

若水银球中的水银量过少,用左手握住贝克曼温度计中部,将温度计倒置,右手轻击左手手腕,毛细管中水银就会向下流动,待水银储槽内水银与 b 点处水银相接后,再按上述方法调节。

3)调节后,将贝克曼温度计放在实验温度为 t 的水中,当温度达到平衡时,观察温度计水银柱是否在预定的刻度 x 附近,如未达到要求,按上述方法再进行调整。

(3)使用贝克曼温度计的注意事项。

1)贝克曼温度计是用玻璃制成,水银量较大,易被损坏,一般只能放置三处:安装在使用仪器上;放在温度计盒内;握在手中,不准随意放置在其他地方。

2)调节时,应防止骤冷或骤热,还应避免磕碰。

3)调节好后,不要使毛细管中水银再与水银储槽中水银相连接,否则需重新调整。

4)使用夹子固定温度计时,必须垫有橡胶垫,不能用铁夹直接夹温度计。

5)调节完毕,将贝克曼温度计上端垫高放稳,防止毛细管中的水银与水银储槽中的水银再次连接。

3. 精密数字温度温差仪

近年来,数字贝克曼温度计及精密数字温度温差仪逐渐取代了水银贝克曼温度计,克服了水银贝克曼温度计使用时易破损、不能实现自动化控制,特别是使用前调节比较麻烦的缺点,被广泛应用到温度测量与控制系统。

(1)SWC Ⅱ D 型精密数字温度温差仪的特点。

1)分辨率高,稳定性好。仪器具有 0.001 ℃ 的高分辨率,长期使用稳定性良好。

2)操作简单,读数准确。仪器数字显示清晰、读数准确、操作简便,并设有读数保持、超量程显示功能,克服了水银贝克曼温度计操作烦琐、容易损坏、校准复杂等缺点。

3)测量范围宽。温度测量和温差基温范围均为 -50 ℃ ~ 150 ℃,根据需要可扩展至 ±200 ℃。

4)安全性能高。该数字温差仪取代了长期使用的水银贝克曼温度计,为实验室消除汞污染和提高教学质量提供了保障,仪器安全性好、可靠性高、使用寿命长。

5)数字输出接口。RS-232 C 串行口。

(2)SWC Ⅱ D 型精密数字温度温差仪的使用方法。

1)在接通电源前,先将传感器插头插入后面板的传感器接口。

2)将传感器插入被测物,深度大于 5 cm,打开电源开关。开机后,显示屏即显示所测物的温度。其操作面板如图 7-3 所示。

图 7-3 SWC Ⅱ D 型精密数字温度温差仪

3)温差测量。

基温选择:仪器根据被测物温度,自动选择合适的基温,基温的选择标准见表7-2。

温差显示:面板温差显示部分即为被测物实际温度 T 与基温 T_0 的温差值。

表 7-2　基温的选择标准　　　　　　　　　　　　　　　　　℃

温度 T	基温 T_0	温度 T	基温 T_0
$T < -10$	-20	$50 < T < 70$	60
$-10 < T < 10$	0	$70 < T < 90$	80
$10 < T < 30$	20	$90 < T < 110$	100
$30 < T < 50$	40	$110 < T < 130$	120

注:基温下 T 不一定为绝对准确值,其为标准温度的近似值。

4)当温差显示值稳定时,可按"采零"键,使温度显示为"0.000",仪器将此时的被测物温度 T 记为0,若被测物温度变化时,则温差显示的即为温度的变化值。

5)仪器"采零"后,当被测物温度变化过大时,仪器的基温会自动选择,这样,温差的显示值将不能正确反映温度的变化值,所以在实验开始后,按"采零"键后再按"锁定"键,仪器就不会改变基温。此时"采零"键也不起作用,直至重新开机。

6)当温度和温差的变化太快无法读数时,可按一下"测量/保持"键,使仪器处于"保持"状态(此时,保持指示灯亮)。读数完毕,再按一下"测量/保持"键,即可转换到"测量"状态,进行跟踪测量。

7)定时读数按"▲"或"▼"键,设定所需的定时间隔(设定值应在 5 s 以上,定时读数才能起作用)。设定完后,定时显示将进行倒计时,当一个计数周期完毕时,蜂鸣器鸣叫,且读数保持约 3 s,此时可观察和记录数据。若不想定时鸣叫,只需将"定时"读数设置小于 5 s 即可。

三、温度的控制技术

物质的物理化学性质,如黏度、密度、蒸气压、表面张力、反应速率常数、平衡常数等都与温度有密切的关系。许多物理化学实验不仅要测量温度,而且要精确地控制温度。因此,了解温度的控制原理和掌握温度控制技术是做好物理化学实验的必备条件。实验室中所用的恒温装置一般分成高温恒温(250 ℃以上);常温恒温(室温~250 ℃)及低温恒温(-218 ℃~室温)三大类,应用较多的是常温恒温技术。

1. 常温控制

在常温区间,通常用恒温槽作为控温装置。恒温槽是一种以液体为介质的恒温装置,用液体作为介质的优点是热容量大,导热性好,使温度控制的稳定性和灵敏度大为提高。

根据温度的控制范围,可选用不同液体介质:0 ℃~90 ℃用水;80 ℃~160 ℃用甘油或甘油水溶液;70 ℃~300 ℃用液状石蜡、汽缸润滑油或硅油。

SYPⅡB一体化恒温水浴槽是集加热器工作电源、升温、控温、搅拌于一体的精密控温装置,有一个清晰直观的测定温度与设定温度数据双显示屏面,具有控温均匀、波动小、测量准确可靠和操作简单方便等特点,温度测量范围从室温到 99.9 ℃。SYPⅡB一体化恒温水浴槽主要由玻璃缸体和控温机箱组成，其结构如图7-4所示。

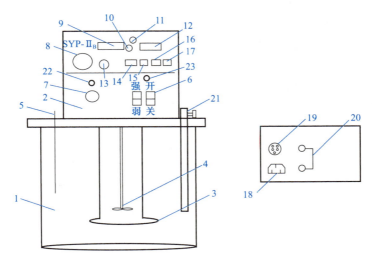

图7-4　SYPⅡB一体化恒温水浴槽示意

1—玻璃缸；2—控温机箱；3—加热器；4—搅拌器；5—温度传感器；6—加热器电源开关；
7—搅拌速率调节旋钮；8—控温电源开关；9—温度显示；10—恒温指示灯；11—工作指示灯；
12—设定温度显示；13—回差指示灯；14—回差键；15—移位键；16—增、减键；17—复位键；
18—电源插座；19—温度传感器接口；20—保险丝座；21—可升降支架；22—搅拌指示灯；23—加热指示灯

(1)SYPⅡB一体化恒温水浴槽的使用和操作步骤：

1)向玻璃缸内注入其容积2/3～3/4的蒸馏水，将温度传感器插入玻璃缸塑料盖预置孔，另一端与装置箱后的温度传感器接口相连接。

2)将电源线与装置箱后的电源插座相连。将加热器电源开关置于"关"的位置，搅拌速率调节旋钮左旋到底，然后按下"控温电源开关"，此时显示器和指示灯均有显示，其中，"恒温"指示灯亮，回差处于0.5。

3)回差值的选择。按"回差"键，回差将依次显示为0.5、0.4、0.3、0.2、0.1，选择所需的回差值即可。

4)控制温度的设置。如果恒温槽要设定到35.0 ℃：先按"移位键"，"设定温度显示"的十位数字闪烁，再按"▲"键，将依次显示"1""2""3"等数字，当显示数字"3"时停止按键；再按"移位键"，同样方法设置后两位数字，至"设定温度显示"显示设定的温度值为35.0 ℃。

5)温度设定后，仪器进入自动升温控温状态。打开装置的"加热器电源开关"，调节搅拌速率。升温过程为使升温速度尽可能快，可将加热器功率置于"强"位置；当温度与设定温度的差值为2 ℃～3 ℃时，将加热器功率置于"弱"位置，以达到较理想的控温目的。

6)系统温度达到设定温度时，"工作指示灯"自动转换到恒温状态，"恒温指示灯"亮。此后，控温系统根据回差值设置的大小进行自动控温，两指示灯转换速率也随之变化。当介质温度≤设定温度－回差时，加热器处于加热状态，"工作指示灯"亮；当介质温度≥设定温度时，加热器停止加热，"工作指示灯"熄灭，"恒温指示灯"亮。

7)可根据需要调节可升降支架高度，先松开螺钉，调整到所需高度后再拧紧螺钉。

8)实验完毕，关闭加热器、控制器电源开关，搅拌旋钮左旋到底，拔下电源插头。

一般不用"复位键",只有在设置错误而需重新设置或因故死机时才使用。出现上述情况时,只需按一下"复位键"即可回复到初始状态。

(2)SYPⅡB一体化恒温水浴槽的使用注意事项。

1)使用前,槽内应加入适量的液体介质,否则通电工作时会损坏加热器。使用前注意观察槽内液面高低,当液面低时,应及时添加液体介质。

2)恒温槽应安置在干燥通风处,仪器周围 300 mm 内无障碍物。

3)电源必须接地。使用完毕,及时排放液体介质,开关置于关闭状态,切断电源。

2. 高温控制

SWKY-I 程序升降温控制仪(高温控制)是新型的系统集成数字控温仪,可自动调整加热系统的电压以达到控温目的,有效防止温度过冲。它具有测量、控制数据双显示,键入式温度设定,定时提醒(便于定时观测、记录),R-S232C 计算机接口等功能,操作极为简单方便。其温度控制范围(Pt 100)为 0 ℃~650 ℃,其控制面板如图 7-5 所示。

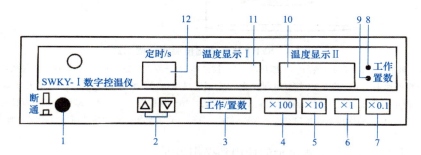

图 7-5 SWKY-I 程序升降温控制仪面板示意

1—电源开关;2—定时设置按钮;3—工作/置数转换按钮;4~7—温度设定调节按钮;8—工作状态指示灯;9—置数状态指示灯;10—被测物温度显示屏;11—控制/置数温度显示屏;12—定时显示屏

SWKY-I 程序升降温控制仪的使用与操作方法如下:

(1)将传感器插头、加热器对接线分别与后面板的"传感器插座""加热器电源"对应连接,电源线插入后面板的电源插座。

(2)将传感器Ⅰ插入控制温度的系统(如加热器的炉膛),传感器Ⅱ插入待测物(插入深度≥5 cm)。

(3)打开电源开关,仪器显示初始状态。"温度显示Ⅰ"中显示设定的温度,"温度显示Ⅱ"中显示被测物的实时温度,"置数"状态指示灯亮。

(4)设置控制温度。按下"工作/置数"转换按钮,"置数"状态指示灯亮。依次按"×100""×10""×1""×0.1"设置"温度显示Ⅰ"的百位、十位、个位及小数位的数字,每按动一次,显示数字按 0~9 依次递增,直至调到所需的数值。设置完毕,再按一下"工作/置数"转换按钮,转换到工作状态,"工作"指示灯亮。"温度显示Ⅰ"从设置温度转换为控制温度当前值,即传感器Ⅰ所对应的温度。"温度显示Ⅱ"只显示被测物的温度,即传感器Ⅱ所对应的温度,无控温功能。

注意:置数状态时,仪器不对加热器进行控制。

(5)设置定时间隔时间。按"工作/置数"转换按钮,"置数"状态指示灯亮,按定时设置按钮"△"或"▽",设置所需间隔时间(有效设置范围为 10~99 s)。若无须定时提醒,将时间设置小于9 s即可。时间设置完毕,再按一下"工作/置数"按钮,仪表自动转换到工作状态,"工作"指示灯亮。设定完后,"定时(s)"显示将进行倒计时,当计数递减至零时,蜂鸣器鸣叫2 s,此时可观察和记录数据。

(6)使用结束后,关闭电源,拔掉仪器后面板电源线。

3. 低温控制

一般情况下,实验室将制冷剂、冰水混合物装入蓄冷桶,制得一定温度的低温浴,再通过恒温槽的循环泵将低温液体送入实验装置的夹层,对实验系统起到低温控制的效果。

SWC-LGD 一体化凝固点测定仪是低温控制装置,它将冰点仪、搅拌器、温度温差仪等集成一体,配有 R-S232C 串行口、USB 2.0 接口及凝固点实验软件,可方便地与计算机连接、测量、观察与绘制图形,其温度测量范围为 −50 ℃~150 ℃,装置如图7-6所示。

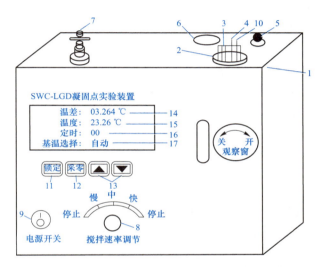

图 7-6 SWC-LGD 一体化凝固点测定装置示意

1—冰浴槽;2—凝固点测定口;3—传感器插孔;4—搅拌棒;5—冰浴槽手动搅拌器;6—凝固点初测口;
7—搅拌器导杆;8—搅拌速率调节开关;9—电源开关;10—辅助搅拌杆;11—基温锁定键;
12—采零键;13—定时键;14—温差显示;15—温度显示;16—定时显示;17—基温选择

(1)SWC-LGD 一体化凝固点测定装置的使用与操作方法。

1)将传感器插头插入后面板上的传感器接口,电源插座接入电源。

2)打开电源开关,显示屏显示实时温度、温差值等。

3)调节冰浴温度。将温度传感器探头插入冰浴槽,在冰浴槽中放入碎冰、自来水及食盐。食盐少量加入,搅拌溶解后再逐渐加入。冰浴温度达到 −3.5 ℃左右即调温完成。

4)安装样品管。将空气套管放入冰浴中紧固好,盖住管口,使其内表面保持干燥。准确移取蒸馏水放入样品管。将温度传感器从冰浴中取出,清洗干净,插入样品管的专用孔。调整温度传感的位置,使其与样品管管壁平行且距样品管底部约 1 cm。

5)安装搅拌装置。将搅拌棒、辅助搅拌杆放入样品管,传感器应置于搅拌棒、辅助搅拌杆的底部圆环内。将样品管放入空气套管,将横连杆插入搅拌棒顶部的固定孔中,调整搅拌棒使其上下运行阻力最小。将搅拌速率开关拨至"慢"挡,观察搅拌器运行是否自如,如无不良情况,停止搅拌,拧紧横连杆的紧固螺钉。

6)初测样品的凝固点。将样品管从空气套管中取出(如有结冰,用手心温热使其融化),插入初测口,盖好空气套管口,用手动方式慢速搅拌样品。当样品温度降到 0 ℃~8 ℃时,按下基温锁定键,使基温选择由"自动"变为"锁定"。观察温差显示值,其值应是先下降,然后急剧升高,最后温差显示值稳定不变时,记下温差值。此为蒸馏水样品的初测凝固点。

7)精测样品的凝固点。取出样品管,让样品自然升温并融化(不要用手捂),当样品温度高于初测凝固点温度 1 ℃时,将样品管放入空气套管中并连接好搅拌系统,将搅拌速率置于"慢"挡,此时,每隔 15 s 记录一次温差值 ΔT(如与计算机连接,此时单击"开始"按钮绘图)。当温度低于初测凝固点 0.1 ℃时,将搅拌速率置于"快"挡,促进固体析出;当温度开始上升时,注意观察温差显示值,直至稳定,持续 60 s,此即为蒸馏水的凝固点。

如过冷较大,可在精确测量时使样品管中存有少量冰花,或加入促使结晶的粉粒(如石英粉末)。在样品均匀降温过程中,实时观察冰浴,以使其温度均匀并保持为 −3 ℃~−3.5 ℃。

8)溶液凝固点的测定。取出样品管,用手心温热,使管内冰晶完全融化,向其中加入准确称量的蔗糖片,搅拌待其完全溶解后,按步骤 6)进行实验操作,得到该溶液的初测凝固点,再按步骤 7)重复实验三次,测得该溶液的平均凝固点。

9)将搅拌速率调节开关拨至"停"挡,关闭电源开关,拔下电源插头。

10)清洗冰浴槽,清洗相关实验部件,擦干仪器的外表。待仪器自然晾干后收纳备用。

(2)SWC-LGD 一体化凝固点测定装置使用注意事项。

1)调节冰浴温度时,自来水要少加、缓加,能将冰块浮起至样品液面以上即可。

2)安装搅拌装置时,注意横连杆紧固螺钉应安放在导杆的凹槽内,以免搅拌时,横连杆松动脱落。

3)实验中一般用"慢"挡搅拌,只有在过冷晶体大量析出时才用"快"挡搅拌。

4)冰浴槽温度应低于溶液凝固点 3 ℃左右,一般控制低于 3.5 ℃。

第二节 压力测量技术与仪器

压力是用来描述体系状态的一个重要参数。许多物理、化学性质,如熔点、沸点、蒸气压等多与压力密切相关。在化学热力学和化学动力学研究中,压力也是一个十分重要的参数。因此,压力的测量具有重要意义。

物理化学实验中,涉及高压(钢瓶)、常压及真空系统(负压)。对于不同压力范围,测量方法不同,所用仪器的精确度也不同。

一、压力与测量仪器

1. 压力的定义与单位

压力是指均匀垂直作用于单位面积上的力,也称为压力强度,简称压强。国际单位制(SI)用帕斯卡作为通用的压力单位,表示符号为 Pa。当作用于 1 m²(平方米)面积上的力为 1 N(牛顿)时就是 1 Pa(帕斯卡),Pa=N/m²。

压力可用绝对压力、表压和真空度表示。图 7-7 说明了三者的关系，在压力高于大气压时：绝对压＝大气压＋表压；在压力低于大气压时：绝对压＝大气压－真空度。

2. 测压仪表

压力测量仪是用来测量气体或液体压力的仪表，又称为压力表或压力计。压力计可以指示、记录压力值。传统的压力计是采用 U 形管水银压力计或金属外壳的气压表头，近年来出现电子压力计、数显微压计等。下面介绍几种常用的测压仪表：

（1）液柱式压力计。液柱式压力计是物理化学实验中常用的压力计，它是根据流体静力学原理，把被测压力转换成液柱高度的测量仪器。如 U 形压力计，其示值与工作液体密度相关，所测压力一般不超过 0.3 MPa。图 7-8 所示是 U 形压力计的示意，它由两端开口的垂直 U 形玻璃管及垂直放置的刻度标尺所构成，管内下部盛有适量工作液体作为指示液，常用的工作液体为蒸馏水、水银和酒精。U 形管的两支管分别连接于两个测压口。由于气体的密度远小于工作液的密度，因此，由液面差 Δh、工作液的密度 ρ 及重力加速度 g 可以得到式(7-3)：

$$p_1 = p_2 + \Delta h \rho g \quad \text{或} \quad \Delta h = \frac{p_1 - p_2}{\rho g} \tag{7-3}$$

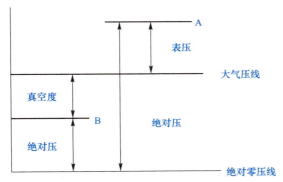

图 7-7 绝对压、表压与真空度的关系

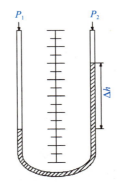

图 7-8 U 形压力计

（2）弹性式压力计。弹性式压力计是利用各种不同形状的弹性元件，在压力下产生变形的原理制成的压力测量仪表。它是测压仪单表中应用最多的一种。由于弹性元件的结构和材料不同，它们具有各不相同的弹性位移与被测压力的关系。物理化学实验室中常用的是单管弹簧管式压力计。这种压力计的压力由弹簧管固定端进入，通过弹簧管自由端的位移带动指针运动，指示压力值，如图 7-9 所示。

（3）福廷式气压计。福廷式气压计是一种真空压力计，其构造如图 7-10 所示。福廷式气压计是用汞柱高度来度量大气压力。

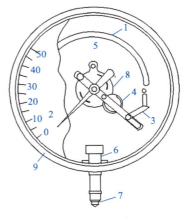

图 7-9 弹簧管压力计

1—金属弹簧管；2—指针；3—连杆；4—扇形齿轮；
5—弹簧；6—底座；7—测压接头；8—小齿轮；9—外壳

实验室通常用汞柱高度(mmHg)作为大气压力的单位，近年来的新产品以国际单位 Pa 或 kPa 表示。气象学也常用 bar 或 mbar 作为单位。

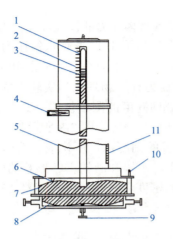

图 7-10　福廷式气压计
1—玻璃管；2—黄铜标尺；3—游标尺；4—调节螺栓；5—黄铜管；
6—象牙针；7—汞槽；8—羊皮袋；9—调节水银面的螺栓；10—气孔；11—温度计

1) 福廷式气压计的使用方法。

①调节汞面高度。慢慢旋转汞面调节螺旋，使槽内水银面升高。利用水银槽后面磁板的反光，注视水银面与象牙针尖的空隙，直至水银面与象牙针尖刚刚接触，然后用手轻轻扣一下铜管上面，使玻璃管上部水银凸面正常。稍等几秒，待象牙针尖与水银面的接触无变动为止。

②调节游标尺。转动气压计旁的游标尺调节螺旋，使游标尺升起，并使下沿略高于水银面。然后慢慢调节游标，直至游标尺底边及其后边金属片的底边同时与水银凸面顶端相切。这时观察者眼睛的位置应与游标尺前后两个底边的边缘在同一水平线上。

③读取汞柱高度。当相切位置调整好后，游标尺的零刻度线所对应的标尺上的刻度值，即为大气压的整数部分。再从游标尺上找出一根恰好与标尺上某一刻度相重合的刻度线，游标尺上刻度线的数值即为大气压值的小数部分。

④整理工作。将气压计底部螺旋向下移动，使水银面离开象牙针尖。记下气压计的温度及所附卡片上气压计的仪器误差值，然后进行校正。

2) 福廷式气压计的读数校正。水银气压计的刻度是以温度为 0 ℃、纬度为 45°的海平面高度为标准的。当不符合上述规定时，从气压计上直接读出的数值，除进行仪器误差校正外，还必须进行温度、纬度及海拔高度的校正。

①仪器误差的校正。由于仪器本身制造的不精确而造成读数上的误差称为"仪器误差"。仪器出厂时都附有仪器误差的校正卡片，应首先进行此项校正。

②温度影响的校正。由于温度的改变，水银密度也随之改变，因而会影响读数。同时由于铜管本身的热胀冷缩，也会影响刻度的准确性。当温度升高时，前者引起偏高，后者引起偏低。由于水银的膨胀系数比铜管的大，因此当温度高于 0 ℃时，经仪器校正后的气压值应减去温度校正值；当温度低于 0 ℃时，要加上温度校正值。气压计的温度校正见式(7-4)。

$$p_0 = \frac{1+\beta t}{1+\alpha t}p = p - p\frac{\alpha-\beta}{1+\alpha t}t \tag{7-4}$$

式中，p 为气压计读数(mmHg)；t 为气压计的温度(℃)；α 为水银柱在 0 ℃～35 ℃ 的平均体膨胀系数，$\alpha=0.000\,018\,18/K$；β 为黄铜的线膨胀系数，$\beta=0.000\,018\,4/K$；p_0 为读数校正到 0 ℃时的气压值(mmHg)。实际校正时，读取 p、t 后可查表求得。

③海拔高度及纬度的校正。重力加速度(g)随海拔高度及纬度不同而异，致使水银的重量受到影响，从而导致气压计读数的误差。可以根据气压计所在地的纬度及海拔高度进行校正。

校正办法：经温度校正后的气压值再乘以$(1-2.6\times10^{-3}\cos2L)(1-3.14\times10^{-7}h)$。

式中，L 为气压计所在地的纬度(°)，h 为气压计所在地的海拔高度(m)。此项校正值很小，在一般实验中可不必考虑。

④其他如水银蒸气压的校正、毛细管效应的校正等，因校正值极小，一般不考虑。

3)福廷式气压计的使用注意事项。

①调节螺旋时动作要缓慢，不可旋转过急。

②在调节游标尺与汞柱凸面相切时，应使眼睛的位置与游标尺前后下沿在同一水平线上，然后再调到与水银柱凸面相切。

③发现槽内水银不清洁时，要及时更换水银。

(4)精密数字压力计。精密数字压力计是数字化的测压仪器，具有操作简单、安全方便、显示直观清晰，可在较宽的环境温度范围内保证准确度和长期稳定性等特点，克服了水银 U 形压力计的汞污染等缺点，对环境保护和人类健康都有好处。

DP-A 系列精密数字压力计的压力传感器与二次仪表合为一体，用 $\phi4.5\sim\phi5$ mm 内径的真空橡胶管将仪器后盖板压力接口与被测系统相连接。

1)精密数字压力计使用和操作方法。

①打开电源开关，置于"ON"的位置，预热 2 min。

②缓慢加压至满量程，观察显示值变化情况，若 1 min 内显示值稳定，说明传感器及检测系统无泄漏。确认无泄漏后泄压至零，并在全量程反复预压 2~3 次，方可正式测试。

③测试前泄压至零，使压力传感器通大气，按一下"采零"键，消除仪表系统的零点漂移，此时 LED 显示屏显示"0000"。尽管仪表做了精细的零点补偿，但因传感器本身固有的漂移是无法处理的，因此，每次测试前都必须进行采零操作，以保证所测压力值的准确度。

④仪表采零后接通被测系统，缓慢加压或疏通，当加正压或负压力至所需压力时，显示器所显示值即为被测系统的压力值。

⑤测试结束后，先将被测系统泄压，再将电源开关置于"OFF"位置，即关机。

2)精密数字压力计使用注意事项。

①本仪表有足够的过载能力。但超过过载能力时，传感器将有永久损坏的可能。

②DP-A 精密数字压力计系列仪表，测量介质为除氟化物气体外的各种气体介质。

③请勿打开机盖进行检修、调整和更换元件，否则将无法保证仪表测量的准确度。

二、真空技术

真空是指压力小于 101 325 Pa 的气态空间。真空状态下气体的稀薄程度，常以真空度来表示,而真空度的高低通常是用气体的压强来表示,目前多称为压力。在物理化学实验中,通常根据真空度的获得和测量方法的不同,将真空区域划分为以下5个区间,见表7-3。

表7-3 真空区间的划分

真空范围	粗真空	低真空	高真空	超高真空	极高真空
p/Pa	$10^5 > p > 10^3$	$10^3 \geqslant p > 10^{-1}$	$10^{-1} \geqslant p > 10^{-6}$	$10^{-6} \geqslant p > 10^{-10}$	$p \leqslant 10^{-10}$

1. 真空的获得

为了获得真空,就必须设法将气体分子从容器中抽出。凡是能从容器中抽出气体,使气体压力降低的装置,均可称为真空泵。真空泵按其工作条件及作用分为两大类:一类能直接在大气压下工作的真空泵称为前级泵,如水抽气泵、机械真空泵等,用以产生预备真空;另一类需在一定的前置真空条件下才能开始工作,以继续提高真空度的真空泵称为次级泵,如扩散泵、吸附泵、钛泵等。

(1) 水抽气泵。水抽气泵由玻璃或金属制成。其工作原理是当水从泵内的收缩口高速喷出时,静压降低,水流周围的气体便被喷出的水流带走。其极限真空度受水的饱和蒸气压限制,真空效率较低,如15 ℃时为1.70 kPa。实验室中水抽气泵广泛地用于抽滤沉淀物。

(2) 旋片式机械真空泵。实验室常用的真空泵为旋片式机械真空泵,简称旋片式真空泵,其结构如图7-11所示,一般只能产生1.333~0.133 3 Pa的真空,其极限真空为0.133 3~1.333×10^{-2} Pa。旋片式真空泵主要由泵体和偏心转子组成。经过精密加工的偏心转子下面安装有带弹簧的滑片,由电动机带动,偏心转子紧贴泵腔壁旋转。滑片靠弹簧的压力也紧贴泵腔壁。滑片在泵腔中连续运转,使泵腔被滑片分成的两个不同的容积,并呈周期性的扩大和缩小。气体从进气嘴进入,被压缩后经过排气阀排出泵体外,如此循环往复,将系统内的压力减小。

旋片式真空泵的整个机件浸在真空油中,这种油的蒸气压很低,既可起润滑作用,又可起到封闭微小的漏气和冷却机件的作用。

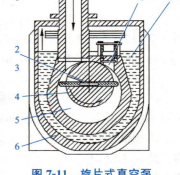

图7-11 旋片式真空泵
1—进气嘴;2—旋片弹簧;3—旋片;
4—转子;5—泵体;6—油箱;
7—真空泵油;8—排气嘴

使用旋片式真空泵时应注意以下几点:

1) 旋片式真空泵不能直接抽含可凝性气体的蒸气、挥发性液体等。因为这些气体进入泵后会破坏泵油的品质,降低油在泵内的密封和润滑作用,甚至会导致泵的机件生锈,因此,必须在可凝气体进泵前先通过纯化装置。例如,用无水氯化钙、五氧化二磷、分子筛等吸收水分;用石蜡吸收有机蒸气;用活性炭或硅胶吸收其他蒸气等。

2) 旋片式真空泵不能用来抽含腐蚀性成分的气体,如含氯气、氯化氢、二氧化氮等的气体。因这类气体能迅速侵蚀泵中精密加工的机件表面,使泵漏气,从而不能达到所要求的真空度。遇到这种情况时,应当使气体在进泵前先通过装有氢氧化钠固体的吸收瓶,以除去有害气体。

3)旋片式真空泵由电动机带动,使用时应注意电动机的电压。若是三相电动机带动的泵,第一次使用时要特别注意三相电动机旋转方向是否正确。正常运转时不应有摩擦、金属碰击等异声,运转时电动机温度不超过 50 ℃。

4)旋片式真空泵的进气口前应安装一个三通活塞。停止抽气时应使机械泵与抽空系统隔开而与大气相通,然后关闭电源。这样既可保持系统的真空度,又可避免泵油倒吸。

(3)扩散泵。扩散泵是获得高真空的重要设备,其原理是利用一种工作物质从喷口处高速喷出,在喷口处形成低压,对周围气体产生抽吸作用而将气体带走。现在一般采用硅油作为工作物质。用相对分子质量大于 3 000 的硅油作为工作气体的四级扩散泵,其极限真空度可达到 $1×10^{-7}$ Pa,三级扩散泵可达到 $1×10^{-4}$ Pa。图 7-12 是扩散泵的工作原理示意。

油扩散泵是一种次级泵,它需要在一定的真空度下才能正常工作,因此,必须用机械泵作为前级泵,将其抽出的气体抽走,不能单独使用。

(4)钛泵。钛泵的极限真空度在 10^{-8} Pa。其抽气机理通常认为是化学吸附和物理吸附的综合,以化学吸附为主。钛泵的主要部件及填料综合密封等节点使用钛或钛合金制造。该泵具有优良的耐腐蚀性能,能耐大多数有机酸、无机酸、碱及盐溶液的腐蚀。钛泵克服了填料和机械密封的不足,在 10^{-2} Pa 时仍有较大的抽速,操作简便,寿命长。

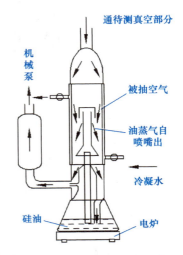

图 7-12 扩散泵工作原理示意

2. 真空的测量

真空的测量就是测量低压下气体的压力,其所用的量具称为真空规,也称为真空计。真空规可分为两类:一类是能直接测出系统压力的绝对真空规,如麦氏真空规;另一类是经绝对真空规标定后使用的相对真空规,如热偶真空规和电离真空规。

(1)麦氏真空规。麦氏真空规是一种测量低真空和高真空的绝对真空计。其工作原理是将被测系统中一定量的残余气体压缩,比较压缩前、后体积和压力的变化,利用波义耳定律计算真空度。

$$p=\frac{ah^2}{V} \tag{7-5}$$

式中,p 为待测低压气体的压强;a 为毛细管的截面面积;V 为玻璃泡的体积;h 是闭管与开管时的汞高差,此高差也等于闭管剩有体积部分的高度。

麦氏真空规是一套硬质玻璃测量仪,如图 7-13 所示,装置简单,测量精度较高,量程可达 $10\sim10^{-4}$ Pa。但其缺点是不能测量压缩时会凝聚的蒸气压力。

(2)热电偶真空规。热电偶真空规是一种相对真空规,利用低压时气体的导热能力与压力成正比的关系制成,量程范围为 $10\sim10^{-1}$ Pa。其结构如图 7-14 所示,它由加热丝和热电偶组成,其顶部与真空系统相连。当给加热丝以某一恒定的电流时,加热丝的温度及热电偶的热电势大小将由周围气体的热导率决定。在一定压力范围内,当系统压力 p 降低,气体的热导率减小,则加热丝温度升高,热电偶热电势随之增加;反之,热电势降低。其关系见式(7-6)。

$$p = kE \tag{7-6}$$

式中，p 为系统压强，k 为热偶规管常数，E 为热电势值。

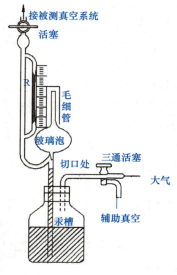

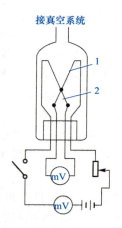

图 7-13　麦氏真空规示意

图 7-14　热电偶真空规示意
1—加热丝；2—热电偶

该函数关系经绝对真空规标定后，以压力数值标在与热偶规匹配的指示仪表上。所以，用热偶规测量时从指示仪表可直接读得系统压力值。

(3) 电离真空规。电离真空规是一种相对真空规，是通过在稀薄气体中引起电离，然后利用离子电流测量压力的仪器。它主要用于高真空测量，其测量范围为 $10^{-1} \sim 10^{-6}$ Pa。电离真空规管是一支特殊三极管，它有灯丝、栅极和收集极。其结构如图 7-15 所示。将电离真空规连入真空系统内，测量时电离真空规管的灯丝通电后发射电子，电子向带正电压的栅极加速运动并与气体分子碰撞，使气体分子电离，电离所产生的正离子被收集极吸引而形成离子流。此离子流 I_+ 与气体的压力 p 成正比关系：

图 7-15　电离真空规示意
1—灯丝；2—栅极；3—收集极

$$I_+ = SI_e p \tag{7-7}$$

式中，S 为电离真空规管灵敏度，I_e 为阴极发射电流。

对一定的电离真空规管来说，S 和 I_e 为定值。因此，只要测得 I_+ 即可确定系统的真空度 p。用电离真空规测量真空度，只能在被测系统的压力低于 10^{-1} Pa 时才可使用，否则将烧坏电离真空规管。

3. 真空系统的操作

(1) 真空泵的使用。一般在扩散泵与被抽空系统之间，以及扩散泵和机械泵之间各装一冷阱。一般冷阱的外部是装有冷冻剂的杜瓦瓶，常用冷冻剂为液氮、干冰等。

在使用各种机械泵停止工作前，都必须先解除系统的真空使系统通大气，然后才能断电和停止工作。如果相反操作，先行断电，则会发生水倒灌入真空系统，或机械泵中油被大气驱入真空系统的事故。

（2）真空检漏。真空检漏技术就是用适当的方法判断真空系统、容器或器件是否漏气，确定漏孔位置及漏率大小的一门技术，相应的仪器称为检漏仪。真空检测常用的有气压检漏、荧光检漏、氨敏纸检漏、放电管检漏、高频火花检漏、真空计检漏和氦质谱检漏等方法。

（3）真空操作注意事项。

1）真空系统装置比较复杂。在设计时应尽可能少用活塞，减少不必要的接头。

2）实验前熟悉各部件的操作，注意各活塞的转向，最好在活塞上标记出活塞的转向。

3）真空系统真空度越高，玻璃器壁承受的大气压力越大。超过 1 L 的大玻璃容器都存在爆炸危险，因此，对较大的玻璃真空容器最好加网罩。由于球形容器受力均匀，故应尽可能使用球形容器，不用平底容器。

4）如果液态空气进入油扩散泵，会引起热油爆炸，因此，系统减压到 133.3 Pa 前不要用液氮冷阱，否则液氮将使空气液化，可能与凝结的有机物发生反应，引起不良后果。

5）使用水银压力计、汞扩散泵、麦氏真空规等，要注意安全防护，以免水银中毒。

6）开启或关闭真空活塞时，应当两手配合操作，一手握住活塞套，一手缓慢旋转内塞，防止玻璃系统因某些部位受力不均匀而断裂。

7）实验过程中和实验结束时，不要使大气猛烈冲入系统，也不要使系统中压力不平衡的部分突然接通，否则可能造成局部压力突变，导致系统破裂或水银压力计冲入水银。

三、气体钢瓶及其使用

1. 气体钢瓶的颜色标记

气体钢瓶是由无缝碳素钢制成，适用装介质压力在 15.0 MPa(150 atm) 以下的气体。我国气体钢瓶常用的颜色标记见表 7-4。

表 7-4 我国气体钢瓶常用的颜色标记

气体类别	瓶身颜色	标字颜色	字样
氮气	黑	黄	氮
氧气	天蓝	黑	氧
氢气	深绿	红	氧
压缩空气	黑	白	压缩空气
二氧化碳	黑	黄	二氧化碳
氨	棕	白	氨
液氨	黄	黑	氨
氯	草绿	白	氯
乙炔	白	红	乙炔
氟氯烷	铝白	黑	氟氯烷
石油气体	灰	红	石油气
粗氩气体	黑	白	粗氩
纯氩气体	灰	绿	纯氩

2. 气体钢瓶的操作方法

(1)按图 7-16 在钢瓶上装上配套的减压阀。使用前,检查减压阀是否关闭,方法是逆时针方向转动减压阀手柄至螺杆放松位置,此时减压阀关闭。

(2)打开钢瓶总阀门,此时高压表显示出钢瓶内压力。

(3)可用肥皂水检查减压阀与钢瓶连接处是否漏气。不漏气则顺时针慢慢转动手柄,减压阀门即开启送气,直至低压表显示所需压力时,停止转动手柄。

(4)停止使用时,先关闭钢瓶总阀门,将减压阀中余气排空,直至高压表和低压表均指到"0",逆时针转动手柄放松的位置,此时减压阀关闭。

3. 气体钢瓶使用的注意事项

(1)钢瓶应存放在阴凉、干燥、远离热源的地方,可燃性气瓶应与氧气瓶分开存放。

(2)搬运钢瓶要小心轻放,钢瓶帽要旋上。

(3)使用时应装减压阀和压力表。可燃性气瓶如 H_2、C_2H_2 等气门螺纹为反丝,非燃性或助燃性气瓶如 N_2、O_2 等的气门螺纹为正丝。各种压力表一般不可混用。

(4)不要让油或易燃有机物沾染到气瓶上(特别是气瓶出口和压力表上)。

(5)开启总阀门时,不要将头或身体正对总阀门,防止阀门或压力表冲出伤人。

(6)不可把气瓶内气体用净,以防重新充气时发生危险。

(7)使用中的气瓶每三年应检查一次,装腐蚀性气体的钢瓶每两年检查一次,不合格的气瓶不可继续使用。

(8)氢气瓶应放在远离实验室的专用屋内,用紫铜管引入实验室,安装防回火装置。

4. 氧气减压阀的工作原理与使用方法

(1)氧气减压阀工作原理。氧气减压阀的外观及工作原理如图 7-16 和图 7-17 所示。

氧气减压阀的高压腔与钢瓶连接,低压腔为气体出口,并通往使用系统。高压表的示值为钢瓶内储存气体的压力。低压表的出口压力可由调节螺杆控制。

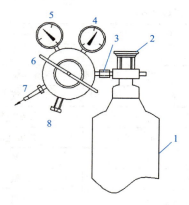

图 7-16　气体钢瓶上的氧气减压阀示意

1—钢瓶;2—钢瓶开关;3—钢瓶与减压表连接螺母;
4—高压表;5—低压表;6—低压表压力调节螺杆;
7—出口;8—安全阀

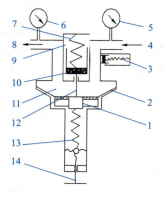

图 7-17　氧气减压阀工作原理示意

1—弹簧垫块;2—传动薄膜;3—安全阀;
4—进口(接气体钢瓶);5—高压表;6—低压表;
7—压缩弹簧;8—出口(接使用系统);9—气室;
10—活门;11—低压气室;12—顶杆;
13—主弹簧;14—低压表压力调节螺杆

使用时先打开钢瓶总开关，然后顺时针转动低压表压力调节螺杆，使其压缩主弹簧并传动薄膜、弹簧垫块和顶杆而将活门打开。这样进口的高压气体由高压室经节流减压后进入低压室，并经出口通往工作系统。转动调节螺杆，改变活门开启的高度，从而调节高压气体的通过量并达到所需的压力值。

减压阀都装有安全阀。它是保护减压阀并使之安全使用的装置，也是减压阀出现故障的信号装置。如果由于活门垫、活门损坏或其他原因，导致出口压力自行上升并超过一定许可值，安全阀会自动打开排气。

(2) 氧气减压阀的使用方法。

1) 按使用要求的不同，氧气减压阀有许多规格。最高进口压力大约为 15 MPa，最低进口压力不小于出口压力的 2.5 倍。出口压力一般约为 0.1 MPa，最高出口压力约为 4 MPa。

2) 安装减压阀时应确定其连接规格是否与钢瓶的相一致。减压阀与钢瓶采用半球面连接，靠旋紧螺母使两者完全吻合；因此，在使用时应保持两个半球面的光洁，以确保良好的气密效果。安装前可用高压气体吹除灰尘，必要时也可用聚四氟乙烯等材料做垫圈。

3) 氧气减压阀应严禁接触油脂，以免发生火灾事故。

4) 停止工作时，将减压阀中余气放净，拧松调节螺杆，以免弹性元件长久受压使其变形。

5) 减压阀应避免撞击振动，不可与腐蚀性物质接触。

(3) 其他气体减压阀。有些气体，如氮气、空气、氩气等永久性气体，可以采用氧气减压阀；但还有一些气体，如氨等腐蚀性气体，则需要专用减压阀。市面上常见的有氮气、空气、氢气、氨、乙炔、丙烷、水蒸气等专用减压阀。

这些减压阀的使用方法及注意事项与氧气减压阀基本相同。但还应指出：专用减压阀一般不用于其他气体。为了防止误用，有些专用减压阀与钢瓶之间采用特殊连接口，例如，氢气和丙烷均采用左牙螺纹，也称反向螺纹，安装时应特别注意。

第三节　折射率的测量与阿贝折光仪

折射率是物质的重要物理常数之一，许多纯物质都具有一定的折射率，通过折射率的测定，可以测定物质的浓度，鉴定液体的纯度。阿贝折射仪是测定物质折光率的常用仪器。

一、阿贝折射仪的构造原理

阿贝折射仪的外形如图 7-18 所示。

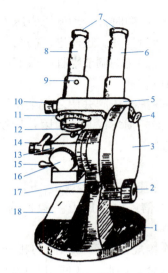

图 7-18 阿贝折射仪的外形

1—底座；2—棱镜转动手轮；3—刻度圆盘；4—小反光镜；5—支架；6—读数镜筒；7—目镜；8—望远镜筒；9—刻度调节螺钉；10—消色散调节螺钉；11—色散值刻度圈；12—拨镜锁紧扳手；13—棱镜组；14—温度计座；15—恒温器接头；16—保护罩；17—主轴；18—反光镜

当一束单色光从介质 1 进入介质 2（两种介质的密度不同）时，光线在通过界面时改变了方向，这一现象称为光的折射，如图 7-19 所示。

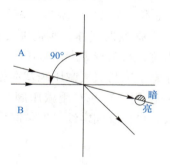

图 7-19 光的折射

光的折射现象遵从折射定律：

$$\sin\alpha/\sin\beta = n_2/n_1 \tag{7-8}$$

式中，α 为入射角，β 为折射角，n_1、n_2 为交界面两侧介质的折射率。

根据式(7-8)可知，当光线从折射率小的介质 1 射入折射率大的介质 2 时（$n_1 < n_2$），入射角一定大于折射角（$\alpha > \beta$），当入射角增大时，折射角也增大，设当入射角 $\alpha = 90°$ 时，折射角为 β_0，此折射角称为临界角。因此，当在两种介质的界面上以不同角度射入光线时（入射角 α 为 $0° \sim 90°$），光线经过折射率大的介质后，其折射角 $\beta \leqslant \beta_0$，其结果是大于临界角的部分无光线通过，成为暗区；小于临界角的部分有光线通过，成为亮区。临界角成为明暗分界线的位置。

另外，式(7-8)可进一步变化为

$$n_1 = n_2(\sin\beta_0/\sin\alpha) = n_2 \cdot \sin\beta_0 \tag{7-9}$$

从式(7-9)可知，当固定一种介质时，临界折射角 β_0 与被测物质的折射率是简单的函数关系，这就是阿贝折射仪的设计原理。

二、阿贝折射仪的光学系统

阿贝折射仪的光学系统如图 7-20 所示，其主要部分是由两个折射率为 1.75 的玻璃直角棱镜所构成，上部为测量棱镜，是光学平面镜；下部为辅助棱镜，其斜面是粗糙的毛玻璃，两者之间有 0.1~0.15 mm 空隙用于装待测液体，并使液体展开成薄薄一层。当从反射镜反射来的入射光进入辅助棱镜至粗糙表面时，产生漫散射，以各种角度透过待测液体并从各个方向进入测量棱镜而发生折射。其折射角都落在临界角 β_0 之内，因为棱镜的折射率大于将测的液体，因此，入射角从 0°~90° 的光线都通过测量棱镜发生折射。具有临界角 β_0 的光线从测量棱镜出来反射到目镜上，此时，若将目镜十字线调节到适当位置，则会看到目镜上呈半明半暗状态。折射光都应落在临界角 β_0 内，成为亮区，其他部分为暗区，构成了明暗分界线。

根据式(7-9)可知，只要已知棱镜的折射率 $n_{棱}$，通过测定待测液体的临界角 β_0，就能求得待测液体的折射率 $n_{液}$。由于折射率的测定通常在大气环境下进行，所以 β_0 的测定很不方便。实验室中通常测定折射光从棱镜出来进入空气又产生折射的折射角 β'_0。β'_0 与 $n_{液}$ 之间的关系为

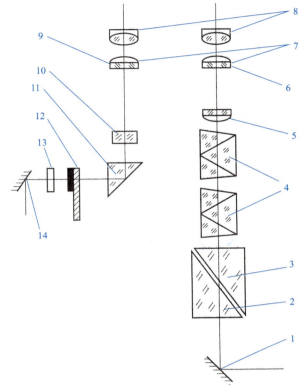

图 7-20 阿贝折射仪光学系统

1—反射镜；2—辅助棱镜；3—测量棱镜；4—消色散棱镜组；
5，10—物镜；6，9—分划板；7，8—目镜；
11—转向棱镜；12—照明度盘；13—毛玻璃；14—小反光镜

$$n_{液} = \sin r \sqrt{n_{棱}^2 - \sin^2\beta'_0} - \cos r \cdot \sin\beta'_0 \tag{7-10}$$

式中，r 为常数；$n_{棱} = 1.75$，测出 β'_0 即可求出 $n_{液}$。因为在设计折射仪时已将 β'_0 换算成 $n_{液}$ 值，故从折射仪的标尺上可直接读出液体的折射率。

需要注意的是，在实际测量折射率时，我们使用的入射光不是单色光，而是使用由多种单色光组成的普通白光。因不同波长光的折射率不同而产生色散，在目镜中将看到一条彩色的光带，而没有清晰的明暗分界线，为此，在阿贝折射仪中安置了一套消色散棱镜（又称为补偿棱镜），通过调节消色散棱镜，使从测量棱镜出来的色散光线消失，明暗分界线清晰，此时，测得的液体的折射率相当于用单色光钠光 D 线所测得的折射率 n_D。

三、阿贝折射仪的使用方法

(1) 仪器安装。将阿贝折射仪安放在光亮处,但应避免阳光的直接照射,以免液体试样受热迅速蒸发。用超级恒温槽将恒温水通入棱镜夹套,检查棱镜上温度计的读数是否符合要求[一般选用(20.0±0.1) ℃或(25.0±0.1) ℃]。

(2) 加样。旋开测量棱镜和辅助棱镜的闭合旋钮,使辅助棱镜的磨砂斜面处于水平位置。若棱镜表面不清洁,可滴加少量丙酮,用擦镜纸顺单一方向轻擦镜面(不可来回擦拭)。待镜面洗净干燥后,用滴管滴加数滴试样于辅助棱镜的毛镜面上,迅速合上辅助棱镜,旋紧闭合旋钮。若液体易挥发,动作要迅速,或先将两棱镜闭合然后用滴管从加液孔中注入试样注意切勿将滴管折断在孔内。

(3) 调光。转动镜筒使之垂直,调节反射镜使入射光进入棱镜,同时调节目镜的焦距,使目镜中十字线清晰明亮。调节消色散补偿器使目镜中彩色光带消失。再调节度数螺旋,使明暗的界面恰好同十字线交叉处重合。

(4) 读数。从读数望远镜中读出刻度盘上的折射率数值。阿贝折射仪可读至小数点后第四位,为使读数准确,一般应平行测量3次,每次相差不超过0.000 2,然后取平均值。

四、阿贝折射仪的使用注意事项

(1) 使用时要注意保护棱镜,清洗时只能用擦镜纸而不能用滤纸等。加试样时不能将滴管口触及镜面。对于酸、碱等腐蚀性液体不得使用阿贝折射仪。

(2) 每次测定时,试样不可加得太多,一般只需加2~3滴即可。

(3) 要注意保持仪器清洁,保护刻度盘。每次实验完毕,要在镜面上加几滴丙酮,并用擦镜纸擦干。最后用两层擦镜纸夹在两棱镜镜面之间,以免镜面损坏。

(4) 读数时,有时在目镜中观察不到清晰的明暗分界线,而是畸形的,这是由于棱镜间未充满液体;若出现弧形光环,则可能是光线未经过棱镜而直接照射在聚光透镜上。

(5) 若待测试样折射率不为1.3~1.7,则阿贝折射仪不能测定,也看不到明暗分界线。

五、阿贝折射仪的校正和保养

阿贝折射仪刻度盘的标尺零点有时会发生移动,必须加以校正。校正的方法一般是用已知折射率的标准液体,常用纯水。通过仪器测定纯水的折射率,读取数值,如与该条件下纯水的标准折射率不符,应调整刻度盘上的数值直至相符。也可以用仪器出厂时配备的折光玻璃校正,具体方法一般在说明书中详细介绍。

阿贝折射仪使用完毕,要注意保养。应清洁仪器,如果光学零件表面有灰尘,可用高级鹿皮或脱脂棉轻擦后,再用洗耳球吹去。如有油污,可用脱脂棉蘸少量汽油轻擦后再用乙醚擦干净。用毕,将仪器放入有干燥剂的箱内,放置于干燥、空气流通的室内,防止仪器受潮。搬动仪器时应避免强烈震动和撞击,防止光学零件损伤而影响精度。

第四节 吸光度的测量与分光光度计

一、吸收光谱原理

当分子被光照射时,将吸收能量引起能级跃迁,即从基态能量跃迁到激发态能级。而三种能级跃迁所需能量不同,需用不同波长的电磁波激发。电子能级跃迁所需的能量较大,一般为 1~20 eV,吸收光谱主要处于紫外及可见光谱。如果用红外线(能量为 1~0.025 eV)照射分子,此能量不足以引起电子能级的跃迁,而只能引起振动能级和转动能级的跃迁,得到的光谱为红外光谱。若以能量更低的远红外线(0.025~0.003 eV)照射分子,只能引起转动能级的跃迁,这种光谱称为远红外光谱。由于物质结构不同对上述各能级跃迁所需能量都不一样,因此,对光的吸收也就不一样,各种物质都有各自的吸收光带,因而就可以对不同物质进行鉴定分析,这是光度法进行定性分析的基础。

根据朗伯-比尔定律:当入射波长、溶质、溶剂及溶液的温度一定时,溶液的吸光度与溶液层厚度及溶液浓度成正比,若液层厚度一定,则溶液的吸光度只与溶液的浓度有关:

$$T = I/I_0 \tag{7-11}$$

$$A = -\lg T = \lg(I_0/I) = \varepsilon l c \tag{7-12}$$

式中,c 为溶液浓度,A 为某一单色波长下的吸光度,I_0 为入射光强度,I 为透射光强度,T 为透光率,ε 为摩尔吸收系数,l 为液层厚度。当待测物质的厚度 l 一定时,吸光度与被测物质的浓度成正比,这就是光度法定量分析的依据。

二、分光光度计的构造原理

分光光度计种类和型号比较多,实验室常用的有 721 型、752 型等。各种型号的分光光度计的基本结构都相同,由 5 部分组成:①光源(钨灯、卤钨灯、氢弧灯、氘灯、激光光源);②单色器(滤光片、棱镜、光栅、全息栅);③样品吸收池;④检测系统(光电池、光电管、光电倍增管);⑤信号指示系统(检流计、微安表、数字电压表、示波器、微处理器显像管)。

在基本结构中,单色器是仪器关键部件。其作用是将来自光源的混合光分解为单色光,并提供所需波长的光。单色器由入口与出口狭缝、色散元件和准直镜等组成,其中,色散元件是关键性元件,主要有棱镜和光栅两类。

1. 棱镜单色器

光线通过一个顶角为 θ 的棱镜,从 AC 方向射向棱镜,如图 7-21 所示,在 C 点发生折射。光线经过折射后在棱镜中沿 CD 方向到达棱镜的另一个界面上,在 D 点又一次发生折射,最后光在空气中沿 DB 方向行进。这样光线经过此棱镜后,传播方向从 AA' 变为 BB',两方向的夹角 δ 称为偏向角。偏向角与棱镜的顶角 θ、棱镜材料的折射率及入射角 i

有关。如果平行的入射光由 λ_1、λ_2、λ_3 三色光组成，且 $\lambda_1 < \lambda_2 < \lambda_3$，则通过棱镜后，就分为三束不同方向的光，且偏向角不同。波长越短，偏向角越大，如图 7-22 所示，$\delta_3 > \delta_2 > \delta_1$，这即为棱镜的分光作用，又称为光的色散，棱镜分光器就是根据此原理设计的。

棱镜是分光的主要元件之一，一般是三角柱体。棱镜单色器示意如图 7-23 所示。

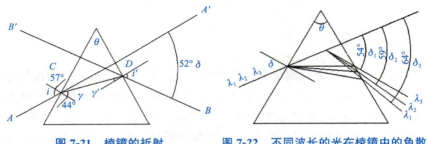

图 7-21　棱镜的折射　　　　图 7-22　不同波长的光在棱镜中的色散

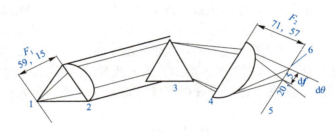

图 7-23　棱镜单色器示意

1—入射狭缝；2—准直透镜；3—色散元件；4—聚焦透镜；5—焦面；6—出射狭缝

2. 光栅单色器

单色器还可以用光栅作为色散元件，反射光栅是由磨平的金属表面上刻划许多平行的、等距的槽构成。辐射由每一个槽反射，反射光束之间的干涉造成色散。

三、721 E 型分光光度计

721 E 型分光光度计是可见光分光光度计，波长范围为 360～800 nm，它由光源室、单色器、样品室、检测器和显示器等部件组成，其外形如图 7-24 所示，是实验室常用型号。

图 7-24　721 E 型分光光度计外形

1. 721E型分光光度计使用方法

(1)打开电源开关,使仪器预热 20 min。

(2)用"波长调节"旋钮将波长设定在要使用的分析波长位置上。

(3)将装有参比溶液和样品溶液的比色皿(溶液装入 4/5 高度)依次插入比色槽,比色皿的"光面"要与光源在一条线上。

(4)盖好样品室盖。用"方式设定(MODE)"键改变测试为透光率(T)方式。

(5)调"T=0"。拉动试样架拉杆,使比色皿槽处于"调零透射比"位置,在"T"方式下,按"0%T"键,调透光率 $T=0$。

(6)调"T=100"。将参比溶液推入光路,按"方式设定"键改变测试为"T"状态,按"100%T"键,仪器进入自动调整过程,显示器显示"BLA",数秒后显示"100"。

(7)按"方式设定(MODE)"键将测试方式设置为"A"状态。

(8)拉动试样架拉杆,使样品溶液置于光路上,仪器自动显示样品吸光度,记录数据。

(9)测量完毕,取出比色皿,洗净晾干。各旋钮置于原来位置,拔下电源插头。

2. 721E型分光光度计使用注意事项

(1)仪器应放置在清洁、干燥、无腐蚀气体和不太亮的室内,工作台应牢固稳定。

(2)正确选择样品池材质。拿放比色皿时应持其"毛面"不要接触"光面"。

(3)仪器配套的比色皿不能用其他比色皿调换。如需增补,经校正后方可使用。

(4)测定样品时,比色皿需先润洗 3 次,测量后及时清洗,不能长期装有色溶液。

(5)开关样品室盖时,应小心操作,防止损坏光门开关。不测量时,样品室盖应处于开启状态,否则会使光电管疲劳,数字显示不稳定。

(6)当光线波长调整幅度较大时,需稍等数分钟才能工作。因光电管受光后,需有一段响应时间。

四、752型分光光度计

752型分光光度计为紫外光栅分光光度计,测定波长 200~1 000 nm。它由光源室、单色器、样品室、电子系统及数字显示器等部件组成。752型分光光度计面板如图 7-25 所示。

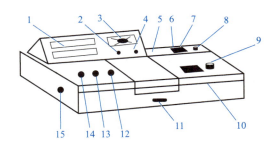

图 7-25 752型分光光度计面板

1—数字显示器;2—吸光度调零旋钮;3—选择开关;4—浓度旋钮;5—光源开关;6—电源室;
7—氢灯电源开关;8—氢灯触发按钮;9—波长手轮;10—波长刻度窗;11—试样架拉手;
12—100%T旋钮;13—0%T旋钮;14—灵敏度旋钮;15—干燥器

1. 752 型分光光度计使用方法

(1)将灵敏度旋钮调到"1"挡(放大倍数最小)。

(2)打开电源开关,钨灯点亮,预热 30 min 即可测定。若需用紫外光则打开"氢灯"开关,再按氢灯触发按钮,氢灯点亮,预热 30 min 后使用。

(3)将选择开关置于"T"。打开试样室盖,调节 0%旋钮,使数字显示为"0.000"。

(4)调节波长旋钮,选择所需测的波长。

(5)将装有参比溶液和被测溶液的比色皿置于比色皿架。

(6)盖上样品室盖,使光路通过参比溶液比色皿,调节透光率旋钮,使数字显示为"100.0%(T)"。如果显示不到"100.0%(T)",可适当增加灵敏度的挡数。然后将被测溶液置于光路,数字显示值即为被测溶液的透光率。

(7)若不需测透光率,仪器显示"100.0%(T)"后,将选择开关调至"A",调节吸光度旋钮,使数字显示为"000.0"。将被测溶液置于光路后,数字显示值即为溶液的吸光度。

(8)若将选择开关调至"C",将已知标定浓度的溶液置于光路,调节浓度旋钮使数字显示为标定值,再将被测溶液置于光路,则可显示出相应的浓度值。

2. 752 型分光光度计使用注意事项

(1)当测定波长在 360 nm 以上时,可用玻璃比色皿;当测定波长在 360 nm 以下时,要用石英比色皿。比色皿外部要用吸水纸吸干,不能用手触摸光面。

(2)仪器配套的比色皿不能用其他比色皿调换。如需增补,经校正后方可使用。

(3)测定结束后,取出比色皿洗净,用擦镜纸擦干,放回比色皿盒。

第五节 溶液 pH 值的测量与酸度计

以 pH 值表示的酸度是一个重要的物化特性参数,主要用于测定各种溶液的酸碱度值(pH)和测量电极值(mV)。pH 酸度计由电极和电计两部分组成,常见的种类主要有台式酸度计、工业在线 pH 酸度计、便携式 pH 计三大类。

一、pH 酸度计的基本原理

pH 值测量实际上是测量一个原电池的平衡电动势 E,原电池可以自发地把化学能转变为电能,此电池的电压被称为电动势(EMF)。此电动势(EMF)由两个半电池构成,其中一个半电池称作测量电极,其电位与特定的离子活度有关,如 H^+;另一个半电池为参比半电池,通常称作参比电极,它一般与测量溶液相通,并且与测量仪表相连。

两电极之间的电压遵循能斯特公式,当一个对氢离子可逆的指示电极和一个参比电极同时放入同一种溶液中,就产生一个电动势,其大小与溶液的氢离子活度有关,而与其他离子的存在关系很小,因此,通过对电池电动势的测定,可以确定溶液的酸度。

$$E = E^{\theta} + \frac{RT}{nF} \ln a_{H_3O^+} \tag{7-13}$$

所以根据 pH 值测量的原理分析而得知，只需要用一台毫伏计即可将 pH 值显示出来。

二、PHS-3G 型 pH 计

1. PHS-3G 型 pH 计的特点

PHS-3G 型 pH 计是一台具有搅拌功能的实验室精密 pH 计，仪器采用全新设计的外形、大屏幕 LCD 段码式液晶，显示清晰、美观，仪器具有自动识别 4.00 pH、6.86 pH、9.18 pH 标准缓冲溶液的能力，方便用户使用。

2. PHS-3G 型 pH 计的结构

如图 7-26 和图 7-27 所示，PHS-3G 型 pH 计面板由显示屏和操作键盘组成。

图 7-26 PHS-3G 型 pH 计的显示屏　　　　图 7-27　PHS-3G 型 pH 计的操作键盘

如图 7-26 可见，显示屏可显示 PHS-3G 型 pH 计上目前正在执行的活动和工作状态。如图 7-27 可见 PHS-3G 型 pH 计面板的操作按键，分别为："pH/mV"键、"定位"键、"斜率"键、"温度"键、"确定"键、"▽"/"△"键和"搅拌"键，分别介绍如下：

(1)"pH/mV"键。此键为双功能键，在测量状态下，按一次进入"pH"测量状态，再按一次进入"mV"测量状态；在定位及斜率设置时，按此键进入手动数值设置状态。

(2)"定位"键。此键为定位功能状态键；再按此键取消定位标定。

(3)"斜率"键。此键为斜率功能状态键；再按此键取消斜率标定。

(4)"温度"键。此键为温度功能状态键，进入手动温度设定状态。

(5)"确定"键。此键为确认键，按此键为确认上一步操作。

(6)"▽"/"△"键。此两键为数值调节键，可进行数值升降调节。

(7)"搅拌"键。此键为搅拌器开关键，按此键开启搅拌；再按此键则关闭搅拌。

3. PHS-3G 型 pH 计的操作

(1)开机。仪器插入电源后，按电源开关开机。

在测量状态下，按"mV/pH"键可以切换显示电位或 pH 值；按"温度"键设置当前的温度值；按"定位"或"斜率"键标定电极斜率，此过程期间，会显示来自 PHS-3G 型 pH 计的状态消息，而且可以通过操作键盘相对应的按键更改用户的参数设置。

(2)设置温度。按"温度"键，再按"▽"或"△"键调节显示值，使温度显示为被测溶液的温度，按"确定"键，即完成当前温度的设置，返回测量状态。

(3)pH 电极的准备。将 pH 复合电极下端的电极保护套拔下，并且拉下电极上端的橡皮套使其露出上端小孔，然后用蒸馏水清洗电极。

(4)pH 电极的标定。仪器使用前首先要标定，连续使用时，每天要标定一次。

本仪器具有自动识别标准缓冲溶液的能力，可以识别 4.00 pH、6.86 pH、9.18 pH 三种标液，因此，对于标准缓冲溶液 4.00 pH、6.86 pH、9.18 pH，用户按"定位"键或"斜率"键后不必再调节数据，直接按"确定"键即可完成标定。用"定位"键进行一点标定，用"斜率"键进行二点标定。对于其他的非常规标准缓冲溶液，仪器也允许用户标定使用。

如果用户需要标定，则只需在标定状态下调节显示的 pH 值数据至该温度下标准溶液的 pH 值，然后按"确定"键即可。

标定分为一点标定法和二点标定法。

1）一点标定法。一点标定法又称为一点定位法，使用一种标准缓冲溶液定位 E0，斜率设为默认的 100.0%，这种方法比较简单，用于要求不太精确情况下的测量。

在仪器的测量状态下，把用蒸馏水清洗过的电极插入某种标准缓冲溶液中（如 pH＝6.86 的标准缓冲溶液）；用温度计测出被测溶液的温度值，按前面设置温度的方法设置温度值；稍后，待读数稳定，按"定位"键，仪器会显示标准缓冲溶液的 pH 值，按"确定"键，仪器自动完成一点标定，否则按"定位"键退出标定，仪器返回测量状态。

如果用户使用的是其他非常规标准缓冲溶液，例如 6.80 pH（如 28.0 ℃），按"定位"键，再按"pH/mV"键，然后需要按"▽"或"△"键调节显示值，使 pH 显示为该温度下标准溶液的 pH 值，如 6.80 pH，然后按"确定"键，完成标定。

2）二点标定法。二点标定法也称为斜率标定。准备两种标准缓冲溶液，如 4.00 pH、9.18 pH 等；按照前面的叙述进行一点标定；即在仪器的测量状态下，把用蒸馏水清洗过的电极插入标准缓冲溶液 1（如 pH＝4.00 的标准缓冲溶液）；用温度计测出溶液的温度值（如 25.0 ℃），按照前面设置温度的方法设置温度值；稍后，待读数稳定，按"定位"键，仪器识别当前标液并显示当前温度下的标准 pH 值；待读数稳定后，按"斜率"键。

再次清洗电极并插入标准缓冲溶液 2（pH＝9.18 的标准缓冲溶液）；用温度计测出溶液的温度值（如 25.2 ℃），并设置温度值；稍后，仪器会显示标准缓冲溶液的 pH 值，按"确定"键，仪器自动完成二点标定，否则按"斜率"键退出标定，仪器返回测量状态。

（5）搅拌器的使用。按"搅拌"键；再按"▽"或"△"键，使搅拌速度符合测量要求；测量结束后，再按"搅拌"键，关闭搅拌器。

（6）pH 值的测量。测量时，根据被测溶液与标定溶液温度是否相同，采用的测量步骤有所不同。具体操作步骤如下：

1）被测溶液与定位溶液温度相同时，用蒸馏水清洗电极头部，再用被测溶液润洗，把电极直接浸入被测溶液中，用玻璃棒搅拌溶液使之均匀，显示屏上可读取溶液的 pH 值。

2）被测溶液和定位溶液温度不同时，需要用温度计测出被测溶液温度，按"温度"键，调节仪器温度显示值与被测溶液温度值一致后，按"确定"键，方可读取溶液的 pH 值。

3）如需搅拌测量，按"搅拌"键，再按"▽"或"△"键，使搅拌速度符合测量要求；测量结束后，再按"搅拌"键，关闭搅拌器。

（7）关闭 PHS-3G 型 pH 计。使用完毕，按仪器的"开/关"键关闭仪器。测试完样品后，所用电极应浸放在蒸馏水中。如果仪器长期不用，请注意断开电源；仪器的插座必须保持清洁、干燥，切忌与酸、碱、盐溶液接触；仪器不使用时，短路插头也要接上，以免仪器输入开路而损坏仪器；测量结束，建议将电极存放在参比填充液中。长期不使用时，将电极放回盒体内室温保存。

使用完毕，按"开/关"键关闭仪器。测试完样品后，所用电极应浸放在蒸馏水中；测量结束，建议将电极存放在参比填充液中；长期不使用时，将电极放回盒体内室温保存。

4. 电极使用和维护的注意事项

（1）电极在测量前必须用标准缓冲溶液进行定位校准，其值越接近被测值越好。

(2)取下电极套后,应避免电极的敏感玻璃泡与硬物接触,因为任何破损或擦毛都会使电极失效。测量结束,及时将电极保护套套上,电极套内应放少量饱和 KCl 溶液,以保持电极球泡的湿润。切忌浸泡在蒸馏水中。

(3)复合电极的外参比补充液为 3 mol/L KCl 溶液,补充液可以从电极上端小孔加入,复合电极不使用时,盖上橡皮套,防止补充液干涸。电极的引出端必须保持清洁干燥,防止输出两端短路,否则将导致测量失准或失效。

(4)电极应避免长期浸在蒸馏水、蛋白质溶液和酸性氟化物溶液中;电极避免与有机硅油接触。电极经长期使用后,如发现斜率有降低,可把电极下端浸泡在 4% 氢氟酸中 3~5 s,用蒸馏水洗净,然后在 0.1 mol/L 盐酸溶液中浸泡,使之复新,但最好更换电极。

三、PHSJ-3F 型 pH 计

PHSJ-3F 型实验室 pH 计是智能型的实验室常规分析仪器,它适用测量水溶液 pH 值及温度值,也可用于测量各种离子选择电极的电极电位和溶液温度。配上相应的 ORP-501 型复合电极,可测量 ORP(氧化-还原)值。

1. PHSJ-3F 型 pH 计的特点

仪器采用微处理器技术,具有自动温度补偿、自动校准等功能。对测量结果可以贮存、查阅,最多可贮存 50 套 pH 值的实验数据。在 0.0 ℃~60.0 ℃ 温度范围内,可选择 5 种 pH 值缓冲溶液对仪器进行一点或二点标定。通过调节等电位点,还可以测量纯水和超纯水的 pH 值。仪器带有 RS-232 接口,可连接打印机或计算机。

2. PHSJ-3F 型 pH 计的结构

PHSJ-3F 型 pH 计如图 7-28、图 7-29 所示,有 4 种工作状态,即 pH 值测量、mV 值测量、电极标定和等电位点选择。仪器可在 4 种工作状态间进行切换。仪器在 pH 值或 mV 值测量工作状态下,有打印、贮存、删除、查阅、保持功能。仪器共有 15 个操作键,分别为"ON/OFF""pH""mV""校准""等电位点""打印 1""打印 2""贮存""删除""查阅""保持""▲""▼""确认"和"取消"键。

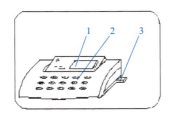

图 7-28 PHSJ-3F 型 pH 计的前视图
1—显示屏;2—键盘;3—电极架座

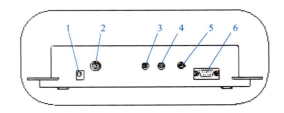

图 7-29 PHSJ-3F 型 pH 计的后视图
1—电源插座;2—测量电极插座;3—参比电极接线柱;
4—接地接线柱;5—温度传感器插座;6—RS-232 接口

3. PHSJ-3F 型 pH 计的操作

(1)开机。按下"ON/OFF"键,仪器将显示"PHSJ-3F"和厂标,显示 3 s 后,仪器自动进入 pH 值测量工作状态。

(2)等电位点。仪器处于任何工作状态下,按下"等电位点"键,仪器即进入"等电位点"选择工作状态。仪器设有 3 个等电位点,即等电位点 7.00 pH、12.00 pH、17.00 pH。用户

可通过"▲"或"▼"键选用所需的等电位点。一般水溶液的pH值测量选用等电位点7.00 pH。纯水和超纯水溶液的pH值测量选用等电位点12.00 pH。在此状态下,仪器对该温度的温度系数起自动补偿作用。测量含有氨的纯水溶液的pH值选用等电位点17.00 pH。在此状态下,仪器对该温度的温度系数起自动补偿作用。此时,"pH""mV"和"校准"键均有效,若按下其中某一键,则仪器进入相应的工作状态。

(3)电极标定。仪器具有自动标定和手动标定两种标定方法,用户在标定时可选择。

1)自动标定。

①一点标定。一点标定含义是只采用一种pH值标准缓冲溶液对电极系统进行定位,自动校准仪器的定位值。在测量精度要求不高的情况下,仪器把pH复合电极的百分斜率作为100%,可采用此方法,简化操作。操作步骤如下:

首先,将pH复合电极和温度传感器分别插入仪器的测量电极插座和温度传感器插座,并将该电极用蒸馏水清洗干净,放入pH值标准缓冲溶液A(规定的5种pH值标准缓冲溶液中的任意一种)。然后,在仪器处于任何工作状态下,按"校准"键,仪器即进入"标定1"工作状态,此时,仪器显示"标定1"及当前测得pH值和温度值。最后,当显示屏上的pH值读数趋于稳定时,按"确定"键,仪器显示"标定1结束!"及pH值和斜率值,说明仪器已完成一点标定。此时,"pH""mV""校准"和"等电位点"键均有效。若按下其中某一键,则仪器进入相应的工作状态。

②二点标定。二点标定是为了保证pH值的测量精度。其含义是选用两种pH值标准缓冲溶液对电极系统进行标定,测得pH复合电极的百分理论斜率和定位值。其操作步骤如下:

在完成一点标定后,将电极取出重新用蒸馏水清洗干净,放入pH值标准缓冲溶液B;再按"校准"键,使仪器进入"标定2"工作状态,仪器显示"标定2"及当前的pH值和温度值;当显示屏上的pH值读数趋于稳定后,按下"确定"键,仪器显示"标定2结束!"及pH值和斜率值,说明仪器已完成二点标定。

此时,"pH""mV"和"等电位点"键均有效。若按下其中某一键,则仪器进入相应的工作状态。

注意:仪器经过标定后得到的参数值关机后不会丢失。

2)手动标定。

①一点标定。在必要时或在特殊情况下仪器可进行手动标定,操作步骤如下:

首先,将pH复合电极和温度传感器分别插入仪器的测量电极插座和温度传感器插座,并将该电极用蒸馏水清洗干净,放入pH值标准缓冲溶液A(规定的5种pH值标准缓冲溶液中的任意一种)。然后,在仪器处于任何工作状态下,按"校准"键,再按"▲""▼"键,使电子单元处于"手动标定"状态,再按"确定"键,仪器即进入"标定1"工作状态,此时,仪器显示"标定1"及当前测得pH值和温度值。最后,当显示屏上的pH值读数趋于稳定时,按"▲""▼"键调节仪器显示值为标准缓冲溶液A的pH值,再按"确定"键,仪器显示"标定1结束!"及pH值和斜率值,说明仪器已完成一点标定。

注:用户定位所用的pH值标准缓冲溶液的值,应该越接近被测溶液的pH值越好。

②二点标定。其操作步骤如下:

在完成一点标定后,将电极取出重新用蒸馏水清洗干净,放入pH值标准缓冲溶液B。

再按"校准"键，使仪器进入"标定 2"工作状态，仪器显示"标定 2"及当前的 pH 值和温度值。当显示屏上的 pH 值读数趋于稳定后，按"▲""▼"键调节仪器显示值为标准缓冲溶液 B 的 pH 值，再按"确定"键，仪器显示"标定 2 结束!"及 pH 值和斜率值，说明仪器已完成二点标定。

(4) pH 值测量。开机，如用户不需对 pH 复合电极进行校准，则仪器自动进入 pH 测量工作状态；无论仪器处于何种工作状态，按"pH"键，仪器即进入 pH 测量工作状态，仪器显示当前溶液的 pH 值、温度值，以及电极的百分理论斜率和选择的等电位点。若需对 pH 电极进行标定，则可按本节"电极标定"进行操作，然后按"pH"键仪器进入 pH 测量状态。

4. 仪器的维护与维修

(1) 维护。仪器的输入端(测量电极的插座)必须保持干燥清洁。仪器不用时，将短路插头插入插座，防止灰尘及水汽侵入。

电极应与输入阻抗较高的 pH 计($\geqslant 1\ 012\ \Omega$)配套，以使其保持良好的特性。

被测溶液中若含有易污染敏感球泡或堵塞液接界的物质而使电极钝化，会出现斜率降低，显示读数不准等现象。如发生该现象，则应根据污染物质的性质，用适当溶液清洗，使电极复新。

(2) 维修。开机前，须检查电源是否接妥，应保证仪器良好接地。电极的连接须可靠，防止腐蚀性气体侵袭。接通电源后，若显示屏不亮，应检查电源器是否有电压输出。

若仪器显示的 pH 值不正常，应检查复合电极插口是否接触良好，电极内溶液是否充满，若仍不能正常工作，则可更换电极。

第六节　电导的测量与电导率仪

电导是电解质溶液的性质，稀溶液的电导与离子浓度具有简单的线性关系。测量待测溶液电导的方法称为电导分析法，该法被广泛应用于分析化学和化学动力学过程的测试中。

一、电导测定及其原理

电解质溶液电导的测量有其本身的特殊性，因为溶液中离子导电机理与金属电子的导电机理不同。当直流电流通过溶液时，伴随着导电过程，会导致离子在电极上放电，因而会使电极发生极化现象。所以，在测量溶液的电导时，必须采用高频交流电桥进行测定，以防止电解产物的产生。常用的交流电桥电路如图 7-30 所示。

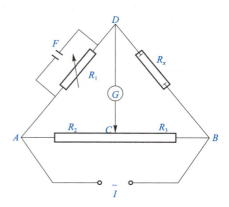

图 7-30　交流电桥电路

AB 为均匀的滑线可变电阻,并联一个可变电容 F 以便调节与电导池实现阻抗平衡,R_x 代表待测溶液的电阻,即电导池两电极之间的电阻(待测溶液被置于具有两个固定的铂电极的电导池);R_x 作为电桥的一个桥臂连接在电路中。R_1、R_2、R_3 在精密测量时,均为交流电阻箱。G 为检流耳机或阴极示波器。

接通电源后移动 C 点,使 DC 线路中无电流通过,若用耳机则听到声音最小,这时的 D、C 两点电势降相等,电桥达到平衡。根据几个电阻之间关系就可求得待测溶液的电导。

$$\frac{R_1}{R_x}=\frac{R_3}{R_4} \tag{7-14}$$

$$G=\frac{1}{R_x}=\frac{R_3}{R_1 R_4} \tag{7-15}$$

二、电导率仪的测量原理

测定溶液电导常用的仪器是电导仪或电导率仪,如 DDS-11A 型电导率仪。它的测量原理不同于交流电桥法,是基于"电阻分压"原理的不平衡方法,其测量原理如图 7-31 所示。

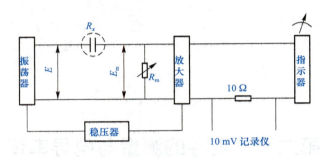

图 7-31 电导率仪测量原理示意

由稳压电源输出稳定的直流电压,供给振荡器和放大器,使它们工作在稳定状态。振荡器采用了负载式的振荡电路,具有很低的输出阻抗,输出的电压不随电导池电导 R_x 的变化而变化,从而振荡器为电阻分压回路提供了一个稳定的高频(1 100 Hz)电压 E。因 R_x 与测量电阻箱 R_m 串联组成,当"校正/测量"开关扳向"测量"位置时,E 加在 AB 两端,产生一个测量电流 I_x。根据欧姆定律则有关系式:

$$I_x=\frac{E}{R_x+R_m} \tag{7-16}$$

由此可见,当 E 与 R_m 均为常数时(因 E 和 R_m 都是恒定不变的),设定 $R_m \ll R_x$,则

$$I_x \propto \frac{1}{R_x}=G_x \tag{7-17}$$

由式(7-17)可以看出,测量电流 I_x 的大小正比于电导池两极之间溶液的电导($1/R_x=G_x$),从而把溶液电导的测量转换为电流 I_x 的测量。

调节 R_m 使 $R_m \ll R_x$,当 I_x 流过 R_m 时,即产生电位差 $E_m=I_x R_m$,因 R_m 一经设定即保持恒定不变,所以,$E_m \propto I_x$。通过放大器将 E_m 线性放大,再通过指示器显示出来。因

$1/R \propto I_x \propto E_m$，所以，指示器所示的电位差值 E_m 即反映电导池的电导 G_x，通过仪表可直接显示出来。

三、数显式 DDS-11A 型电导率仪

与指针式电导率仪相比，数显式 DDS-11A 型电导率仪的使用更为简便，其外观和控制面板如图 7-32 和 7-33 所示，测量范围为 $0\sim2\times10^5$ μS/cm，在全量程范围里都配用常数为"1"的电极，它既能检测 $0.1\sim0.05$ μS/cm（10 M～20 MΩ）高纯水的电导率，也适合测量一般液体的电导率。

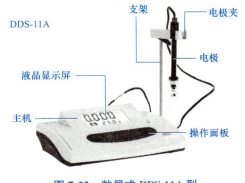

图 7-32　数显式 DDS-11A 型电导率仪的外观

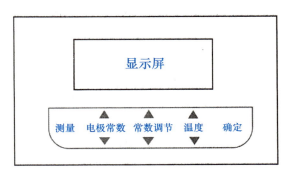

图 7-33　数显式 DDS-11A 型电导率仪控制面板示意

1. 数显式电导率仪的操作方法

(1) 接通电源，将选择开关置于校正位置，开机预热 15～20 min。

(2) 调节常数调节器，使仪器显示所用电极的电导池常数值。

(3) 将电极插头插入插口，再将电极浸入待测溶液，调节温度补偿旋钮，使其指示的温度值与溶液温度相同。

(4) 将选择开关置于电导率位置，再选择合适的量程（量程开关应由第 5 量程挡起，逐步转向 4、3、2、1 量程挡），使仪器尽可能显示多位有效数字。此时，仪器显示即为溶液的电导率。如使用第 5 量程挡仍显示 1（超量程），应换用常数为 10 的电导电极。使用时常数校正及显示的数值要乘以 10。

2. 电导率测量时的注意事项

(1) 电极应完全浸入电导池溶液。电极的引线、插头应保持干燥，以减少接触电阻。

(2) 纯水应在流动中测量，并且使用洁净容器。

(3) 保证待测系统的温度恒定。

(4) 重新校正仪器不必将电极插头拔出。

(5) 电导池常数应定期进行复查和标定。

四、DDSJ-308A 型数字式电导率仪

DDSJ-308A 型电导率仪是一种智能型的实验室常规分析仪器，它适用于实验室精确测量水溶液的电导率及温度、总溶解固态量（TDS）及温度，也可用于测量纯水的纯度与温

度，以及海水及海水淡化处理中的含盐量的测定（以 NaCl 为标准）。

1. 仪器功能介绍

（1）DDSJ-308A 型电导率仪有电导率、TDS、盐度 3 种测量功能，按"模式"键可以在 3 种模式间进行转换，仪器具有自动温度补偿、自动校准、量程自动切换等功能。

（2）仪器键盘说明。DDSJ-308A 型电导率仪键盘如图 7-34 所示。

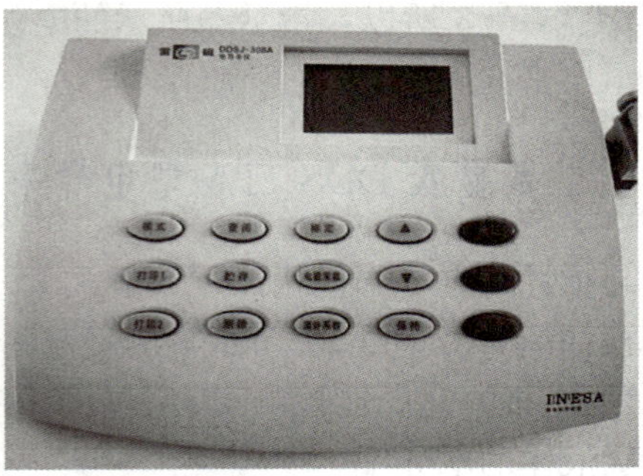

图 7-34　DDSJ-308A 型电导率仪键盘

仪器面板上共有 15 个操作键，分别为"模式""打印 1""打印 2""查阅""贮存""删除""标定""电极常数""温补系数""▲""▼""保持""确认""取消"和"ON/OFF"键。

2. 仪器参数设置。

按下"ON/OFF"键，开机。仪器将显示厂标、仪器型号、名称。几秒后，仪器自动进入上次关机时的测量工作状态，此时，仪器采用的参数为最新设置的参数。如果不需要改变参数，则无须进行任何操作，即可直接进行测量。测量结束后，按下"ON/OFF"键，仪器关机。开机后参数的设置如下：

（1）电极常数设置。电导电极出厂时，每支电极都标有一定的电极常数，使用时需将此值输入仪器。

1）在"电导率测量"状态下，按"电极常数"键，可在挡位"选择"和常数"调节"两种状态间切换。在"选择"状态下，用"▲"或"▼"键可进行电极常数挡位选择。

2）按"电极常数"键，在"调节"状态下，通过调节"▲""▼"键使电极常数显示为仪器出厂的标定值。

3）按"确认"键，仪器自动将电极常数值存入并返回测量状态，在测量状态界面即显示此电极常数值。

例如，1.0 C 电导电极的常数为 0.95，具体操作步骤：在"电导率测量"状态下，按"电极常数"键；按"▲"或"▼"键选择电极档次为 1.0；再按"电极常数"键，按"▲"或"▼"键修改到电极标出的电极常数值 0.95。按"确认"键，仪器返回测量状态。在测量状态界面即显示此电极常数值 0.95。

（2）温度系数的设置。在"电导率"及"TDS"测量模式时，温度传感器接入仪器，仪器自动按设定的温度系数将电导率补偿到 25.0 ℃时的值；温度传感器不接入，仪器无温度补偿作用，仪器显示待测溶液在当时温度下的电导率值。

1）在"电导率测量"状态下，按"温度系数"键，仪器进入温度系数调节状态。

2）用"▲"或"▼"键调节温度系数，一般水溶液电导率测量的温度系数 α 取 0.02。

3）按"确认"键，仪器自动将输入的温度系数存入并返回测量状态，界面显示 α 值。

说明：一般情况下，液体电导率是指该液体介质在标准温度（25 ℃）时的电导率。当介质温度不在 25 ℃时，其液体电导率会有一个变量。为等效消除这个变量，仪器设置了温度补偿功能。仪器温度补偿系数为 0.02，即每摄氏度（℃）乘以 0.02。所以在做高精密测量时，请尽量不采用温度补偿，而采用测量后查表或将被测液恒温在 25 ℃测量，求得液体介质 25 ℃时的电导率值。

3. 电导电极的选用

电导电极的选用原则请参见表 7-5。如果仪器显示"溢出",则说明所测值已超出仪器的测量范围,此时应马上关机,并换用电极常数更大的电极,然后进行测量。

表 7-5　电导电极的常数选择

测量范围/(μS·cm^{-1})	推荐使用电极常数	测量范围/(μS·cm^{-1})	推荐使用电极常数
0～2	0.01、0.1	2 000～20 000	1.0、10
2～200	0.1、1.0	20 000～200 000	10
200～2 000	1.0		

注:对常数为 1.0、10 的电导电极有光亮和铂黑两种形式,镀铂电极习惯称作铂黑电极。光亮电极测量范围为 0～300 μS/cm 为宜。铂黑电极用于容易极化或浓度较高的电解质溶液的电导率测量。

4. 电导率的测定

用蒸馏水清洗电导电极和温度传感器,再用被测溶液清洗一次。然后将电导电极和温度传感器浸入被测溶液。电极使用完毕后,冲洗干净并干燥保存。

5. 仪器使用注意事项

(1)电导电极使用前后应浸在蒸馏水中进行养护,防止电极上的铂黑的惰化,以确保测量精度。长期不用,可洗净、干放,但在使用前需用蒸馏水充分浸泡。

(2)每测完一份样品,都要用去离子水冲洗电极,并用滤纸片轻轻吸干电极表面的水,注意滤纸片不能放入电极,以免破坏电极内部结构。

(3)防止水、溶液进入仪器和电极插座,更换电极时不要拉扯导线,以免拉断。

(4)盛放被测溶液的容器必须清洁,无离子沾污,以免测得电导率数值不准。

第七节　电池电动势的测量与电位差测试仪

原电池电动势一般是用直流电位差计配以饱和式标准电池和检流计来测量的。电位差计可分为高阻型和低阻型两类,使用时可根据待测量系统选用不同类型的电位差计。通常高电阻系统选用高阻型电位差计,低电阻系统选用低阻型电位差计。但不管电位差计的类型如何,其测量原理均为对消法,以保证体系在可逆的条件下测量。下面以 UJ-25 型电位差计为例,说明其原理及使用方法,并介绍 SDC 型数字电位差综合测试仪的使用。

一、UJ-25 型电位差计

UJ-25 型直流电位差计属于高阻电位差计,它适用测量内阻较大的电源电动势,以及较大电阻上的电压降等。其主要特点是测量时几乎不损耗被测量对象的能量,测量结果稳定、可靠,而且有很高的准确度,因此被教学、科研部门广泛使用。

1. 测量原理

电位差计是按照对消法测量原理设计的一种电学测量仪器。图 7-35 所示是对消法测定电动势的原理示意。从图可知电位差计由 3 个回路组成：工作电流回路、标准回路和测量回路。待测电池的可逆电动势 E_x 由滑线变阻器的阻值表示。

2. 使用方法

UJ-25 型电位差计面板如图 7-36 所示。电位差计使用时都配用灵敏检流计和标准电池及工作电源。UJ-25 型电位差计测电动势的范围上限为 600 V，下限为 0.000 001 V，但当测量高于 1.911 110 V 以上电压时，就必须配用分压箱提高上限。下面说明测量 1.911 110 V 以下电压的方法：

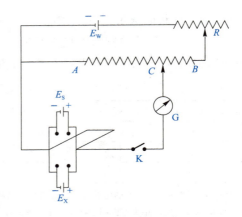

图 7-35 对消法测定电动势的原理示意

E_w—工作电流；R—可变电阻；
AB—滑线电阻；C—滑动接触点；E_s—标准电池；
E_x—被测原电池；G—检流计；K—换向开关 2

(1) 连接线路。先将 (N、X_1、X_2) 转换开关放在断的位置，并将左下方 3 个电位计按钮（粗、细、短路）全部松开，然后依次将工作电源、标准电池、检流计，以及被测电池按正、负极性接在相应的端钮上，检流计没有极性的要求。

(2) 调节工作电压（标准化）。将室温时的标准电池电动势值算出，调节温度补偿按钮 (A、B)，使数值为校正后的标准电池电动势。

将 (N、X_1、X_2) 转换开关放在 N (标准) 位置上，按"粗"电位旋钮，旋转右上方（粗、中、细、微）4 个工作电流调节按钮，使检流计示零，再按"细"电计按钮，重复上述操作。

注意：按电计按钮时，不能长时间按住不放，需要"按"和"松"交替进行。

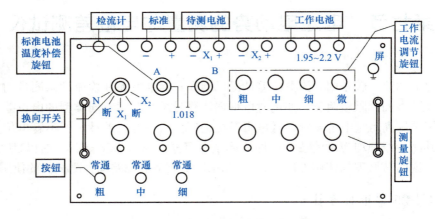

图 7-36 UJ-25 型电位差计面板示意

(3) 测量未知电动势。将 (N、X_1、X_2) 转换开关放在 X_1 或 X_2（未知）的位置，按下电计"粗"按钮，由左向右依次调节 6 个测量按钮，使检流计示零。然后按下电计"细"按钮，重复以上操作使检流计示零。读取 6 个旋钮下方小孔示数的总和即为电池的电动势。

3. 使用注意事项

（1）测量过程中，若发现检流计受到冲击，应迅速按下短路按钮，以保护检流计。

（2）由于工作电源的电压会发生变化，故在测量过程中要经常标准化。另外，新制备的电池电动势也不够稳定，应隔数分钟测一次，最后取平均值。

（3）测定时电计按钮按下的时间应尽量短，以防止电流通过而改变电极表面的平衡状态。若在测定过程中，检流计一直向一边偏转，找不到平衡点，这可能是电极的正、负号接错，线路接触不良，导线有断路，工作电源电压不够等原因引起，应该进行检查。

（4）电动势测定的应用。电池电动势测量的应用意义广泛。例如，①计算化学反应热力学函数值的变化；②测量溶液的 pH 值；③计算平衡常数，判断氧化还原反应的方向；④计算难溶盐的溶度积；⑤测定标准电极电动势，计算离子的活度系数；⑥电位滴定，确定某些容量分析过程的滴定终点。此外，电动势测定还在离子选择性电极、电势-pH 值图等方面有重要的应用。

二、SDC 型数字电位差综合测试仪

SDC 型数字电位差综合测试仪是采用对消法测量原理设计的电压测量仪器，保持了普通电位差计的测量结构，并在电路设计中采用了对称漂移抵消原理，保证了测量的高精确度。测量结果数字显示，直观清晰、准确可靠。

1. SDC 型数字电位差综合测试仪的使用方法

（1）开机预热，将仪器与交流 220 V 电源连接，打开电源开关（ON），预热 15 min。

（2）以内标为基准进行测量。

1）校验：先将待测电池按"＋""－"极性与"测量插孔"连接。将"测量"旋钮置于内标位置；"$\times 10^0$"旋钮置于 1，"补偿"旋钮逆时针旋到底，其他旋钮均置于 0，"电位指示"显示 1.000 00 V。待"检零指示"显示数值稳定后，按一下"采零"键，此时，"检零指示"应显示"0000"。

2）测量：将"测量"旋钮置于测量挡。依次调节"$\times 10^0$""$\times 10^{-1}$""$\times 10^{-2}$""$\times 10^{-3}$""$\times 10^{-4}$"5 个旋钮，调节每个旋钮时都使"检零指示"显示数值为绝对值最小的负值，最后调节"补偿旋钮"，使"检零指示"显示为"0000"，此时，"电位显示"数值即为被测电池的电动势值。若测量过程中，"检零指示"显示溢出符号"OU.L"，说明电位指示显示的数值与被测电动势值相差过大。

（3）以外标为基准进行测量。

1）校验：先将已知电动势的标准电池按"＋""－"极性与"外标插孔"连接。将"测量"旋钮置于外标挡；依次调节"$\times 10^0$""$\times 10^{-1}$""$\times 10^{-2}$""$\times 10^{-3}$""$\times 10^{-4}$"5 个旋钮和"补偿"旋钮，使"电位指示"显示数值与外标电池的电动势数值相同。待"检零指示"显示数值稳定后，按一下"采零"键，此时，"检零指示"显示为"0000"。

2）测量：拔出"外标"插孔的标准电池。将待测电池按"＋""－"极性接入"测量"插孔。"测量"旋钮置于测量位置；依次调节"$\times 10^0$""$\times 10^{-1}$""$\times 10^{-2}$""$\times 10^{-3}$""$\times 10^{-4}$"五个旋钮，调节每个旋钮时都使"检零指示"显示数值为绝对值最小的负值，最后调节"补偿"旋钮，使"检零指示"显示"0000"，此时，"电位指示"数值即为被测电池的电动势。

（4）测量结束关机。首先关闭电源开关（OFF），然后拔下电源线。

2. SDC 型数字电位差综合测试仪的维护注意事项

(1)仪器应置于通风、干燥、无腐蚀性气体的场所。
(2)仪器不宜放置在高温环境,避免靠近发热源,如电暖气或炉子等。
(3)非专业人员,不得调整和更换元件,否则无法保证测量仪器的准确度。

三、其他配套仪器及设备

1. 盐桥

当原电池存在两种电解质界面时,便产生一种称为"液体接界电势"的电动势,它干扰电池电动势的测定。减小液体接界电势的办法常用盐桥。

盐桥是用琼脂做载体将高浓度的电解质溶液固定在 U 形玻璃管中,使用时将 U 形管连接两个溶液,使其导通。盐桥溶液的正、负离子迁移速率须近似相等,使主扩散作用出自盐桥,从而降低液体接界电势。应注意盐桥溶液不能与电池溶液发生作用。如对硝酸银溶液,就不能用氯化钾溶液做盐桥,须改用硝酸铵溶液较为合适。

2. 标准电池

标准电池是电化学实验中基本校验仪器之一,它分为饱和式和不饱和式标准电池两种。饱和式标准电池的温度系数大,具有优异的可逆性、重现性和稳定性,常用于精密测量。图 7-37 所示是饱和式韦斯顿标准电池的构造简图。该类电池由一个 H 形管构成,负极为含镉 12.5% 的镉汞齐,正极为汞和硫酸亚汞的糊状物,两极之间盛有硫酸镉饱和溶液,管的顶端密封。电池反应如下:

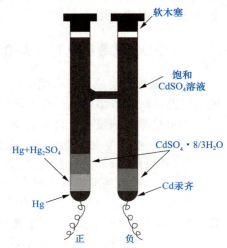

图 7-37 饱和式韦斯顿标准电池构造图

负极反应:$Cd(Hg) \rightarrow Cd^{2+} + Hg(l) + 2e^-$。
正极反应:$Hg_2SO_4(s) + 2e^- \rightarrow 2Hg(l) + SO_4^{2-}$。
电池反应:$Hg_2SO_4(s) + Cd(Hg) + 8/3H_2O \rightarrow CdSO_4 \cdot 8/3H_2O(s) + Hg(l)$。

饱和式韦斯顿标准电池的电动势很稳定,且重现性好,其电动势与温度的关系为

$$E_t = 1.0186 - 4.06 \times 10^{-5}(t-20) - 9.5 \times 10^{-7}(t-20)^2 \text{(V)} \tag{7-18}$$

使用标准电池时应注意以下几点:

(1)标准电池是电压测量的标准量具,不得作为电源使用,操作时应短暂地、间断地使用,一般不允许放电电流超过 0.1 mA,决不允许电池短路。
(2)适用环境温度为 4 ℃~40 ℃,且温度起伏不大。
(3)正、负极不能接错。不能用万用电表直接测量标准电池。
(4)水平放置,注意不能振荡,不能倒置,携取要平稳。
(5)电池未加套勿直接暴露在日光下,否则会使硫酸亚汞变质,电动势下降。
(6)按规定时间,需要对标准电池进行计量校正。

3. 常用电极

(1)甘汞电极。甘汞电极是实验室中常用的参比电极,具有装置简单、可逆性高、制

作方便、电势稳定、温度系数小等优点,其表示形式为 Hg-Hg$_2$Cl$_2$(s) | KCl(α)。根据 KCl 浓度不同,甘汞电极分为饱和甘汞电极、1.0 mol/L 甘汞电极和 0.1 mol/L 甘汞电极。3 种甘汞电极的电极反应均为 Hg$_2$Cl$_2$(s)+2e$^-$→2Hg(l)+2Cl$^-$(α_{Cl^-}),其在 298 K 时的电极电势和温度系数分别为

0.1 mol/L 甘汞电极:$E=0.3337-8.75\times10^{-5}(t-25)$。

1.0 mol/L 甘汞电极:$E=0.2801-2.75\times10^{-4}(t-25)$。

饱和甘汞电极:$E=0.2412-6.61\times10^{-4}(t-25)$。

使用甘汞电极时应注意:

1)由于甘汞电极在高温时不稳定,故甘汞电极一般适用 70 ℃以下的测量。

2)甘汞电极不宜用在强酸、强碱性溶液,因为此时的液接电势较大,而且甘汞可能被氧化。

3)如果被测溶液中不允许含有氯离子,应避免直接插入甘汞电极。

4)应注意甘汞电极的清洁,不得使灰尘或局外离子进入该电极内部。

5)当电极内溶液太少时应及时补充。

(2)铂黑电极。铂黑电极是在铂片上镀一层颗粒较小的黑色金属铂所组成的电极,以增大铂电极的活性和表面积。

(3)Ag-AgCl 电极。Ag-AgCl 电极也是常用的参比电极,其电极反应为

$$AgCl(s)+e^-→Ag(s)+Cl^-(\alpha_{Cl^-})$$

在 298 K 时,其电极电势随电解质浓度的改变而不同,见表 7-6。

表 7-6 Ag-AgCl 参比电极的电极电势与电解质溶液浓度的关系

[KCl]/(mol·L^{-1})	0.1	1.0	饱和
电极电势/V	0.288	0.22234	0.1981

4. 检流计

检流计的灵敏度很高,常用来检查电路中有无电流通过。主要用于平衡式直流电测量仪器,如电位差计、电桥示零仪器,另外也在光-电测量、差热分析等实验中测量微弱的直流电流。目前实验室中使用最多的是磁电式多次反射光点检流计,它可以和分光光度计及 UJ-25 型电位差计配套使用。

AC15 型检流计使用方法如下:

(1)先检查电源开关所指示的电压是否与所使用的电源电压一致,后接通电源。

(2)旋转零点调节器,将光点准线调至零位。

(3)用导线将输入接线柱与电位差计"电计"接线柱接通。

(4)测量时先将分流器开关旋至最低灵敏度挡(0.01 挡),然后逐渐增大灵敏度进行测量("直接"挡灵敏度最高)。

(5)在测量中若光点剧烈摇晃,可按电位差计"短路"键,使其受到阻尼作用停止摇晃。

(6)实验结束或移动检流计时,应将分流器开关置于"短路",以防止损坏检流计。

第八节 旋光度的测量与旋光仪

一、旋光现象和旋光度

一般光源发出的光,其光波在垂直于传播方向的一切方向上振动,这种光称为自然光,或称为非偏振光;而只在一个方向上有振动的光称为平面偏振光。当一束平面偏振光通过某些物质时,其振动方向会发生改变,此时,光的振动面旋转一定的角度,这种现象称为物质的旋光现象,这种物质称为旋光物质。旋光物质使偏振光振动面旋转的角度称为旋光度。尼柯尔(Nicol)棱镜就是利用旋光物质的旋光性而设计的。

二、旋光仪的构造原理和结构

旋光仪的主要原件是两块尼柯尔棱镜。尼柯尔棱镜是由两块方解石直角棱镜沿斜面用加拿大树脂黏合而成,如图7-38所示。

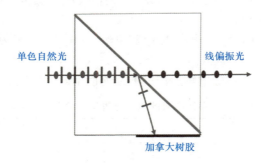

图 7-38 尼柯尔棱镜

当一束单色光照射到尼柯尔棱镜时,分解为两束相互垂直的平面偏振光:一束折色率为1.658的寻常光;一束折射率为1.486的非寻常光。这两束光线到达加拿大树脂黏合面时,折射率大的寻常光(加拿大树脂的折射率为1.550)被全反射到底面上的黑色涂层并被吸收,而折射率小的非寻常光通过棱镜,这样就获得了一束单一的平面偏振光。用于产生平面偏振光的棱镜称为起偏镜,若让起偏镜产生的偏射光照射到另一个透射面与起偏镜透射面平行的尼柯尔棱镜,则这束平面偏振光也能通过第二个棱镜,如果第二个棱镜的透射面与偏振镜透射面垂直,则由起偏镜出来的偏振光完全不能通过第二个棱镜。如果第二个棱镜的透射面与起偏镜的透射面之间的夹角θ为0°~90°,则光线部分通过第二个棱镜,此第二个棱镜称为检偏镜。通过调节检偏镜,能使透过的光线强度在最强和零之间变化。如果在起偏镜和检偏镜之间放有旋光性物质,则由于物质的旋光作用,使来自起偏镜的光的偏振面改变了某一角度,只有检偏镜也旋转同样的角度,才能补偿旋光线改变的角度,使透过的光强与原来相同,旋光仪就是根据这种原理设计的。图7-39所示是旋光仪的构造示意,图7-40列出了WXG-4型旋光仪的光学系统图。

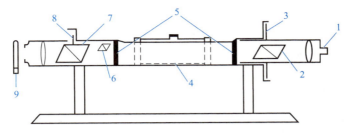

图 7-39　旋光仪构造示意

1—目镜；2—检偏棱镜；3—圆形标尺；4—样品管；5—窗口；
6—半暗角器件；7—起偏棱镜；8—半暗角调节；9—光源

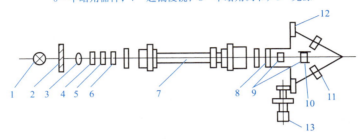

图 7-40　WXG-4 型旋光仪的光学系统图

1—光源；2—毛玻璃；3—聚光镜；4—滤色镜；5—起偏镜；6—半波片；7—样品管；8—检偏镜；
9—目、物镜组；10—调焦手轮；11—读数放大镜；12—刻度盘和游标；13—刻度盘转动手轮

通过检偏镜用肉眼判断偏振光通过旋光物质前后的强度是否相同是十分困难的，这样会产生较大的误差，为此设计了一种在视野中分出三分视界的装置。其原理是在起偏镜后放置一块狭长的石英片，由起偏镜偷过来的偏振光通过石英片时，由于石英片的旋光性，使偏振旋转了一个角度 φ，通过镜前观察，光的振动方向如图 7-41 所示。

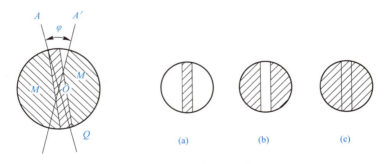

图 7-41　三分视界示意

A 是通过起偏镜的偏振光的振动方向，A' 是通过石英片旋转一个角度后的振动方向，此两偏振方向的夹角 φ 称为暗半角（$\varphi=2°\sim3°$）。如果旋转检偏镜使透射光的偏振面与 A' 平行，在视野中将观察到：中间狭长部分较明亮，而两旁较暗。这是由于两旁的偏振光不经过石英片，如图 7-41(b) 所示。如果检偏镜的偏振面与起偏镜的偏振面平行（在 A 的方向时），在视野中将是中间狭长部分较暗而两旁较亮，如图 7-41(a) 所示，当检偏镜的偏振面处于 $\varphi/2$ 时，两旁直接来自起偏镜的光偏振面被检偏镜旋转了 $\varphi/2$，而中间被石英片转

过角度 φ 的偏振面对被检偏镜旋转角度 $\varphi/2$，这样，中间和两边的光偏振面都被旋转了 $\varphi/2$。故视野呈微暗状态，且三分视野内的暗度是相同的，如图 7-41(c)所示，将这一位置作为仪器的零点，在每次测定时，调节检偏镜使三分视野的暗度相同，然后读数。

三、圆盘旋光仪

1. 圆盘旋光仪的使用方法

(1) 打开电源，关闭空测试筒盖，此时钠光灯亮，预热约 10 min 后光源稳定，可以开始工作。从目镜中看视野，若不清楚，转动目镜调焦旋钮，使视场清晰。

(2) 旋开旋光管一端螺母，取下螺套、密封圈、玻璃片并摆放好，洗净备用。

注意：靠近旋光管近凸起的一端，可以旋开螺母，另一端不可以旋开。

(3) 旋光管中装满蒸馏水(尽量使管中无气泡)，再放入测试筒中并关闭筒盖。粗、细旋转度盘手轮进而调节检偏镜的角度，找到零度视场，即二分视场消失且视野较暗，如图 7-41 中(c)所示。此时的角度记作旋光仪的零点。

注意：若旋光管中有气泡，需将气泡赶入旋光管的凸出部位，使气泡不在光通路上。

(4) 配制待测溶液，并用少量待测溶液润洗旋光管。然后用吸水纸轻轻吸干旋光管两端残余的液体，以免影响观测时视场的清晰度和精确性。

(5) 零点确定后，将待测试样装入旋光管，并旋紧螺母。旋转力度要适宜，旋得过紧会使玻璃片产生应力，影响读数正确性，甚至压碎玻璃片；旋得太松又容易漏水。

(6) 将装有待测溶液的旋光管放入测试筒。由于溶液具有旋光性，使平面偏振光的振动面旋转一个角度，零度视场中发生变化，如图 7-41 中(a)、(b)视场。旋转度盘手轮，再次找到暗视场(零度视场)，旋光度的数值可从刻度盘中读出。正角度(右旋)度盘读数值即为仪器测量值；负角度(左旋)度盘读数值减去 180°即为仪器测量值。

(7) 实验结束，及时用蒸馏水洗净旋光管，并擦干存放，最后关闭电源开关。

2. 使用仪注意事项

(1) 仪器应放在空气流通、温湿度适宜的地方，以免光学零部件、偏振片受潮发霉。

(2) 钠光灯使用时间不宜超过 4 h，超时须关机处理，待光源冷却后再继续使用。

(3) 光学镜片不能用硬质的布、纸擦拭，也不能直接用手擦拭，以免损坏。

四、WZZ 型自动数字显示旋光仪

目前国内生产的旋光仪，其三分视野检测、检偏镜角度的调整采用光电检测器。通过电子放大及机械反馈系统自动进行，最后数字显示，该旋光仪具有体积小、灵敏度高、读数方便、减少人为地观察三分视野明暗度相同时产生的误差，对弱旋光性物质同样适用。

1. WZZ 型自动数字显示旋光仪结构及测试原理

WZZ 型自动数字显示旋光仪原理如图 7-42 所示，采用 20 W 钠光灯为光源，并通过可控硅自动触发恒流电源点燃，光线通过聚光镜、小孔光柱和物镜后形成一束平行光，然后经过起偏镜后产生平行偏振光，这束偏振光经过有法拉第效应的磁选线圈时，其振动面产生 50 Hz 的一定角度的往复振动，该偏振光线通过检偏镜投射到光电倍增管上,产生交变的光电信号。当检偏镜的透光面与偏振光的振动面正交时,即为仪器的光学零点,此时出现平衡指示。而当偏振光通过一定旋光度的测试样品时,偏振光的振动面转过一个角度 α,此时,光电信号就能驱动工作频率为 50 Hz 的伺服电动机,并通过蜗轮蜗杆带动检偏镜转动 α 而使仪器回到光学零点,此时,读数盘上的示值即为所测物质的旋光度。

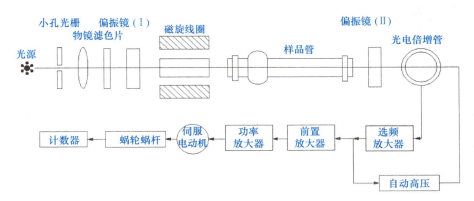

图 7-42　WZZ 型自动数字显示旋光仪结构原理

2. WZZ-2B 型数字旋光仪的使用方法

(1)将仪器电源接至 220 V 交流电源插座,并接好地线,如所用交流电压不稳定,可使用交流电子稳压器 1 kV·A。连接电源后,打开电源开关和钠光灯开关,此时钠光灯应亮,预热 5 min,待钠光灯发光稳定后再工作。

(2)洗净旋光管,将管的一端加上盖子,由另一端向管内加入蒸馏水,直至在管上面形成凸液面,然后盖上玻片和套盖,将盖子旋紧,但不可过紧以免产生应力,造成误差。用镜头纸将管两端的护片擦拭干净。检查管内是否有气泡,若有小气泡让其浮至管的凸颈处;若气泡过大则须重新装入。

(3)将旋光管放入样品室,盖上箱盖。打开测量开关,按调零按钮,使读数示值为零。

(4)取出旋光管,用待测液荡洗数次,将待测液装入旋光管,放入样品室,盖好箱盖。

(5)按复测按钮,样品的旋光度立即显示在读数显示器上。数字前如为"＋"号,表示器该类旋样品为右旋,如为"－"号,表示样品为左旋。

3. 使用注意事项及维护要求

(1)仪器应安装在干燥通风处,防止潮气侵蚀,工作台应坚固稳定,不应有振动源,无强电磁干扰源,避免强光直接照射和化学气体侵入,要尽量防止灰尘落入。搬动仪器应小心轻放,避免振动。

(2)测定前,用溶剂做空白校正,以确定零点是否移动,若移动,应重新测定。

(3)对遇光后旋光度变化大的化合物必须避光操作,对旋光度随时间发生改变的化合物必须在规定的时间内完成旋光度测定。

(4)试样管盛放有机溶剂应立即洗涤,避免两头橡皮圈被腐蚀发黏。

(5)样品室内应干燥清洁,不用期间放置硅胶吸潮。长期不用,应每周开机通电 1 h。

附录　物理化学实验常用数据表

附表1　国际单位制的基本单位

量的名称	单位名称	单位符号
长度	米	m
质量	千克（公斤）	kg
时间	秒	s
电流	安[培]	A
热力学温度	开[尔文]	K
物质的量	摩[尔]	mol
光强度	坎[德拉]	cd

引自：刘勇健，白同春. 物理化学实验. 南京：南京大学出版社，2009.

附表2　国际单位制的部分导出单位

物理量	名称	单位符号 英文	单位符号 中文	用国际制基本单位表示的关系式
频率	赫兹	Hz	赫	s^{-1}
力	牛顿	N	牛	$m \cdot kg \cdot s^{-2}$
压力	帕斯卡	Pa	帕	$m^{-1} \cdot kg \cdot s^{-2}$
能、功、热量	焦耳	J	焦	$m^2 \cdot kg \cdot s^{-2}$
功率	瓦特	W	瓦	$m^2 \cdot kg \cdot s^{-3}$
电量	库仑	C	库	$s \cdot A$
电压、电位、电动势	伏特	V	伏	$m^2 \cdot kg \cdot s^{-3} \cdot A^{-1}$
电容	法拉	F	法	$m^{-2} \cdot kg^{-1} \cdot s^4 \cdot A^2$
电阻	欧姆	Ω	欧	$m^2 \cdot kg \cdot s^{-3} \cdot A^{-2}$
电导	西门子	S	西	$m^{-2} \cdot kg^{-1} \cdot s^3 \cdot A^2$
磁通量	韦伯	Wb	韦	$m^2 \cdot kg \cdot s^{-2} \cdot A^{-1}$
磁感应强度	特斯拉	T	特	$kg \cdot s^{-2} \cdot A^{-1}$
光通量	流明	l	流	$cd \cdot sr$
光强度	勒克斯	lx	勒	$m^{-2} \cdot cd \cdot sr$
黏度	帕斯卡秒	Pa·s	帕·秒	$m^{-1} \cdot kg \cdot s^{-1}$

续表

物理量	名称	单位符号 英文	单位符号 中文	用国际制基本单位表示的关系式
表面张力	牛顿每米	$N \cdot m^{-1}$	牛·米$^{-1}$	$kg \cdot s^{-2}$
热容量、熵	焦耳每开	$J \cdot K^{-1}$	焦·开$^{-1}$	$m^2 \cdot kg \cdot s^{-2} \cdot K^{-1}$
比热	焦耳每千克每开	$J \cdot kg^{-1} \cdot K^{-1}$	焦耳·千克$^{-1}$·开$^{-1}$	$m^2 \cdot s^{-2} \cdot K^{-1}$
密度	千克每立方米	$kg \cdot m^{-3}$	千克·米$^{-3}$	$kg \cdot s^{-3}$

引自：岳可芬．基础化学实验（Ⅲ）物理化学实验．北京：科学出版社，2012．

附表3　一些有机化合物的标准摩尔燃烧焓

名称	化学式	$t/\degree C$	$-\Delta_c H_m^\theta/(kJ \cdot mol^{-1})$
甲醇	$CH_3OH(l)$	25	726.51
乙醇	$C_2H_5OH(l)$	25	1 366.8
乙炔	$C_2H_2(g)$	25	1 299.6
苯	$C_6H_6(l)$	25	3 267.5
环己烷	$C_6H_{12}(l)$	25	3 919.9
苯甲酸	$C_6H_5COOH(s)$	25	3 226.9
蔗糖	$C_{12}H_{22}O_{11}(s)$	25	5 460.9
萘	$C_{10}H_8(s)$	25	5 153.9
尿素	$NH_2CONH_2(s)$	25	631.66

附表4　不同温度下水的饱和蒸气压

温度/℃	饱和蒸气压/mmHg	饱和蒸气压/Pa	温度/℃	饱和蒸气压/mmHg	饱和蒸气压/Pa
0	4.585 1	611.29	21	18.659	2 487.7
1	4.930 2	657.31	22	19.837	2 644.7
2	5.290 3	705.31	23	21.080	2 810.4
3	5.690 3	758.64	24	22.389	2 985.0
4	6.100 3	813.31	25	23.770	3 169.0
5	6.545 1	872.60	26	25.224	3 362.9
6	7.010 4	934.64	27	26.755	3 567.0
7	7.510 4	1 001.3	28	28.366	3 781.8
8	8.050 4	1 073.3	29	30.061	4 007.8
9	8.610 7	1 148.0	30	31.844	4 245.5
10	9.211 5	1 228.1	31	33.718	4 495.3
11	9.847 6	1 312.9	32	35.687	4 757.8
12	10.521	1 402.7	33	37.754	5 033.5
13	11.235	1 497.9	34	39.925	5 322.9
14	11.992	1 598.8	35	42.204	5 626.7

续表

温度/℃	饱和蒸气压/mmHg	饱和蒸气压/Pa	温度/℃	饱和蒸气压/mmHg	饱和蒸气压/Pa
15	12.793	1 705.6	40	55.365	7 381.4
16	13.640	1 818.5	45	71.930	9 589.8
17	14.536	1 938.0	50	92.588	12 344
18	15.484	2 064.4	60	149.50	19 932
19	16.485	2 197.8	80	355.33	47 373
20	17.542	2 338.8	100	760.00	101 325

引自：Robert H. Perry，Don W. Green. 佩里化学工程师手册. 第7版. 北京：科学出版社，2001.

附表5 几种有机物质的蒸气压

名称	分子式	适用温度范围/℃	A	B	C
四氯化碳	CCl_4	—	6.879 26	1 212.021	226.41
氯仿	$CHCl_3$	−30～150	6.903 28	1 163.03	227.4
甲醇	CH_4O	−14～65	7.897 50	1 474.08	229.13
1,2−二氯乙烷	$C_2H_4Cl_2$	−31～99	7.025 3	1 271.3	222.9
醋酸	$C_2H_4O_2$	0～36	7.803 07	1 651.2	225
		36～170	7.188 07	1 416.7	211
乙醇	C_2H_6O	−2～100	8.321 09	1 718.10	237.52
丙酮	C_3H_6O	−30～150	7.024 47	1 161.0	224
异丙醇	C_3H_8O	0～101	8.117 78	1 580.92	219.61
乙酸乙酯	$C_4H_8O_2$	−20～150	7.098 08	1 238.71	217.0
正丁醇	$C_4H_{10}O$	15～131	7.476 80	1 362.39	178.77
苯	C_6H_6	−20～150	6.905 61	1 211.033	220.790
环己烷	C_6H_{12}	20～81	6.841 30	1 201.53	222.65
甲苯	C_7H_8	−20～150	6.954 64	1 344.80	219.482
乙苯	C_8H_{10}	−20～150	6.957 19	1 424.251	213.206

注：物质的蒸气压 p(Pa)按下式计算：$\lg p = A - \dfrac{B}{C+t} + D$

式中，A、B、C分别为三个常数，t为温度(℃)，D为压力单位的换算因子，其值为2.124 9。

引自：John A. Dean，Lange's Handbook of Chemistry. 12th ed.，1979.

附表6 25 ℃时在水溶液中一些电极的标准电极电势

电极	E^θ/V	反应式
$Li^+\mid Li E^\theta$/V	−3.040 3	$Li^+ + e^- = Li$
$K^+\mid K$	−2.931	$K^+ + e^- = K$
$Na^+\mid Na$	−2.71	$Na^+ + e^- = Na$
$Ca^{2+}\mid Ca$	−2.868	$Ca^{2+} + 2e^- = Ca$
$Zn^{2+}\mid Zn$	−0.762 0	$Zn^{2+} + 2e^- = Zn$

续表

电极	$E^{\ominus}$ / V	反应式
$Fe^{3+}\mid Fe$	−0.037	$Fe^{3+}+3e^-=Fe$
$Cd^{2+}\mid Cd$	−0.403 2	$Cd^{2+}+2e^-=Cd$
$Co^{2+}\mid Co$	−0.28	$Co^{2+}+2e^-=Co$
$Ni^{2+}\mid Ni$	−0.257	$Ni^{2+}+2e^-=Ni$
$Sn^{2+}\mid Sn$	−0.137 7	$Sn^{2+}+2e^-=Sn$
$Pb^{2+}\mid Pb$	−0.126 4	$Pb^{2+}+2e^-=Pb$
$H^+\mid H_2(g)\mid Pt$	0.000 00	$2H^++2e^-=H_2$
$Cu^{2+}\mid Cu$	+0.337	$Cu^{2+}+2e^-=Cu$
$I^-\mid I_2(s)\mid Pt$	+0.535 3	$I_2(s)+2e^-=2I^-$
$Fe^{3+},Fe^{2+}\mid Pt$	+0.771	$Fe^{3+}+e^-=Ce^{2+}$
$Ag^+\mid Ag$	+0.799 4	$Ag^++e^-=Ag$
$Br^-\mid Br_2(l)\mid Pt$	+1.066	$Br_2(l)+2e^-=2Br^-$
$Cl^-\mid Cl_2(g)\mid Pt$	+1.357 9	$Cl_2(g)+2e^-=2Cl^-$
$Ce^{4+},Ce^{3+}\mid Pt$	+1.72	$Ce^{4+}+2e^-=Ce^{3+}$

引自：天津大学物理化学教研室．物理化学．6版．北京：高等教育出版社，2017．

附表7 无机化合物的标准摩尔溶解热[①]

化合物	$\Delta_{sol}H_m/[kJ\cdot(g\cdot mol)^{-1}]$	化合物	$\Delta_{sol}H_m/[kJ\cdot(g\cdot mol)^{-1}]$
$AgNO_3$	22.47	KI	20.50
$BaCl_2$	−13.22	KNO_3	34.73
$Ba(NO_3)_2$	40.38	$MgCl_2$	−155.06
$Ca(NO_3)_2$	−18.87	$Mg(NO_3)_2$	−85.48
$CuSO_4$	−73.26	$MgSO_4$	−91.21
KBr	20.04	$ZnCl_2$	−71.46
KCl	17.24	$ZnSO_4$	−81.38

注：① 25 ℃，标准状态下1 mol纯物质溶于水生成1 mol/L的理想溶液过程的热效应。

引自：日本化学会．化学便览（基础编Ⅱ）．东京：丸善株式会社，1966．

附表8 不同温度下水的折射率、黏度和介电常数

t/ ℃	n_D	η[①]$\times 10^3$/(kg·m^{-1}·s^{-1})	ε[②]
0	1.333 95	1.770 2	87.74
5	1.333 88	1.510 8	85.76
10	1.333 69	1.303 9	83.83
15	1.333 39	1.137 4	81.95
20	1.333 00	1.001 9	80.10
21	1.332 90	0.976 4	79.73
22	1.332 80	0.953 2	79.38

续表

$t/$ ℃	n_D	$\eta^① \times 10^3/(\text{kg} \cdot \text{m}^{-1} \cdot \text{s}^{-1})$	$\varepsilon^②$
23	1.332 71	0.931 0	79.02
24	1.332 61	0.910 0	78.65
25	1.332 50	0.890 3	78.30
26	1.332 40	0.870 3	77.94
27	1.332 29	0.851 2	77.60
28	1.332 17	0.832 8	77.24
29	1.332 06	0.814 5	76.90
30	1.331 94	0.797 3	76.55
35	1.331 31	0.719 0	74.83
40	1.330 61	0.652 6	73.15
45	1.329 85	0.597 2	71.51
50	1.329 04	0.546 8	69.91
55	1.328 17	0.504 2	68.35
60	1.327 25	0.466 9	66.82

注：①黏度是指单位面积的液层，以单位速度流过相隔单位距离的固定液面时所需的切线力。其单位是 $N \cdot s/m^2$，或 $kg/(m \cdot s)$，或 $Pa \cdot s$(帕·秒)。

②介电常数(相对)是指物质做介质时，与相同条件真空情况下电容的比值。故介电常数又称为相对电容率，无量纲。

引自：John A. Dean. Lange's Handbook of Chemistry. 11th ed., 1985.

附表9 一些离子在水溶液中的无限稀释摩尔离子电导率(25 ℃)

离子	$10^4 \Lambda /(S \cdot m^2 \cdot mol^{-1})$	离子	$10^4 \Lambda /(S \cdot m^2 \cdot mol^{-1})$	离子	$10^4 \Lambda /(S \cdot m^2 \cdot mol^{-1})$	离子	$10^4 \Lambda /(S \cdot m^2 \cdot mol^{-1})$
Ag^+	61.9	K^+	73.5	F^-	54.4	IO_3^-	40.5
Ba^{2+}	127.8	La^{3+}	208.8	ClO_3^-	64.4	IO_4^-	54.5
Be^{2+}	108	Li^+	38.69	ClO_4^-	67.9	NO_2^-	71.8
Ca^{2+}	118.4	Mg^{2+}	106.12	CN^-	78	NO_3^-	71.4
Cd^{2+}	108	NH_4^+	73.5	CO_3^{2-}	144	OH^-	198.6
Ce^-	210	Na^+	50.11	CrO_4^{2-}	170	PO_4^{3-}	207
Co^{2+}	106	Ni^{2+}	100	$Fe(CN)_6^{4-}$	444	SCN^-	66
Cr^{2+}	201	Pb^{2+}	142	$Fe(CN)_6^{3-}$	303	SO_3^{2-}	159.8
Cu^{2+}	110	Sr^{2+}	118.92	HCO_3^-	44.5	SO_4^{2-}	160
Fe^{2+}	108	Tl^+	76	HS^-	65	Ac^-	40.9
Fe^{3+}	204	Zn^{2+}	105.6	HSO_3^-	50	$C_2O_4^{2-}$	148.4
H^+	349.82	—	—	HSO_4^-	50	Br^-	73.1
Hg^+	106.12	—	—	I^-	76.8	Cl^-	76.35

注：各离子的温度系数除 H^+(0.013 9)和 OH^-(0.018)外均为 0.02 ℃。

引自：John A. Dean. Lange's Handbook of Chemistry. 12th ed., 1979.

附表10 一些常见强电解质的活度因子(25 ℃)

物质 \ 质量摩尔浓度/(mol·kg^{-1})	0.001	0.002	0.005	0.01	0.02	0.05	0.1	0.2	0.5	1.0
HCl	0.966	0.952	0.928	0.904	0.875	0.830	0.796	0.767	0.758	0.809
HNO$_3$	0.965	0.951	0.927	0.902	0.871	0.823	0.785	0.748	0.715	0.720
H$_2$SO$_4$	0.830	0.757	0.639	0.544	0.453	0.340	0.265	0.209	0.154	0.130
AgNO$_3$	—	—	0.92	0.90	0.86	0.79	0.72	0.64	0.51	0.40
CuCl$_2$	0.89	0.85	0.78	0.72	0.66	0.58	0.52	0.47	0.42	0.43
CuSO$_4$	0.74	—	0.53	0.41	0.31	0.21	0.16	0.11	0.068	0.047
KCl	0.965	0.952	0.927	0.901	—	0.815	0.769	0.719	0.651	0.606
K$_2$SO$_4$	0.89	—	0.78	0.71	0.64	0.52	0.43	0.36	—	—
MgSO$_4$	—	—	—	0.40	0.32	0.22	0.18	0.13	0.088	0.064
NH$_4$Cl	0.961	0.944	0.911	0.88	0.84	0.79	0.74	0.69	0.62	0.57
NH$_4$NO$_3$	0.959	0.942	0.912	0.88	0.84	0.78	0.73	0.66	0.56	0.47
NaCl	0.966	0.953	0.929	0.904	0.875	0.823	0.780	0.73	0.68	0.66
NaNO$_3$	0.966	0.953	0.93	0.90	0.87	0.82	0.77	0.70	0.62	0.55
Na$_2$SO$_4$	0.887	0.847	0.778	0.714	0.641	0.53	0.45	0.36	0.27	0.20
PbCl$_2$	0.86	0.80	0.70	0.61	0.50	—	—	—	—	—
ZnCl$_2$	0.88	0.84	0.77	0.71	0.64	0.56	0.50	0.45	0.38	0.33
ZnSO$_4$	0.70	0.61	0.48	0.39	—	—	0.15	0.11	0.065	0.045

附表11 不同温度下水的表面张力

t/℃	γ/(mN·m^{-1})	t/℃	γ/(mN·m^{-1})	t/℃	γ/(mN·m^{-1})
0	75.64	19	72.90	30	71.18
5	74.92	20	72.75	35	70.38
10	74.23	21	72.59	40	69.56
11	74.07	22	72.44	45	68.74
12	73.93	23	72.28	50	67.91
13	73.78	24	72.13	60	66.18
14	73.64	25	71.97	70	64.42
15	73.49	26	71.82	80	62.61
16	73.34	27	71.66	90	60.75
17	73.19	28	71.50	100	58.85
18	73.05	29	71.35	—	—

附表 12　不同温度下的液体密度　　　　　　　　　　　　　　　　g/mL

温度/ ℃	水	乙醇	苯	汞	环己烷	乙酸乙酯	丁醇
5	0.999 964	0.802 07	—	13.582 75	—	0.918 6	0.820 4
6	0.999 940	0.801 2	—	13.580 28	0.790 6	—	—
7	0.999 901	0.800 3	—	13.577 82	—	—	—
8	0.999 848	0.799 5	—	13.575 35	—	—	—
9	0.999 781	0.798 7	—	13.572 89	—	—	—
10	0.999 700	0.797 88	0.887	13.570 43	—	0.912 7	—
11	0.999 605	0.797 04	—	13.567 97	—	—	—
12	0.999 497	0.796 20	—	13.565 51	0.785 0	—	—
13	0.999 377	0.795 35	—	13.563 05	—	—	—
14	0.999 244	0.794 51	—	13.560 59	—	—	0.813 5
15	0.999 099	0.793 67	0.883	13.558 13	—	—	—
16	0.998 943	0.792 83	0.882	13.555 67	—	—	—
17	0.998 775	0.791 98	0.882	13.553 22	—	—	—
18	0.998 595	0.791 14	0.881	13.550 76	0.783 6	—	—
19	0.998 405	0.790 29	0.881	13.548 31	—	—	—
20	0.998 204	0.789 45	0.879	13.545 85	—	0.900 8	—
21	0.997 993	0.788 60	0.879	13.543 40	—	—	—
22	0.997 770	0.787 75	0.878	13.540 94	—	—	0.807 2

附表 13　25 ℃时 HCl 水溶液的摩尔电导率 Λ_m 和电导率 κ 与浓度 c 的关系

$c/(mol \cdot L^{-1})$	$\Lambda_m \times 10^4/(S \cdot m^2 \cdot mol^{-1})$	$\kappa/(S \cdot m^{-1})$
无限稀释	425.95	—
0.000 5	423.0	—
0.001	421.4	0.042 12
0.002	419.2	0.083 84
0.005	415.1	0.207 6
0.010	411.4	0.411 4
0.020	406.1	0.811 2
0.050	397.8	1.989
0.100	389.8	3.998
0.200	379.6	7.592

引自：印永嘉. 物理化学简明手册. 北京：高等教育出版社，1988.

附表 14　常用液体的正常沸点和该沸点下的摩尔蒸发焓

物质	T_b/K	$\Delta_{vap}H_m/(kJ \cdot mol^{-1})$	物质	T_b/K	$\Delta_{vap}H_m/(kJ \cdot mol^{-1})$
水	373.2	40.679	正丁醇	390.0	43.822

续表

物质	T_b/K	$\Delta_{vap}H_m$/(kJ·mol^{-1})	物质	T_b/K	$\Delta_{vap}H_m$/(kJ·mol^{-1})
环己烷	353.9	30.143	丙酮	329.4	30.254
苯	353.3	30.714	乙醚	307.8	17.588
甲苯	383.8	33.463	乙酸	391.5	24.323
甲醇	337.9	35.233	氯仿	334.7	29.469
乙醇	351.5	39.380	硝基苯	483.2	40.742
丙醇	355.5	40.080	二硫化碳	319.5	26.789

引自：John A. Dean. Lange's Handbook of Chemistry. 11th ed., 1973.

附表 15　低共熔混合物的组成和低共熔温度

组分 I		组分 II		低共熔温度 /℃	低共熔混合物的组成（按质量百分数）
金属	熔点/℃	金属	熔点/℃		
Sn	232	Pb	327	183	Sn，63.0
Sn	232	Zn	420	198	Sn，91.0
Sn	232	Ag	961	221	Sn，96.5
Sn	232	Cu	1 083	227	Sn，99.2
Sn	232	Bi	271	134	Sn，42.0
Sb	630	Pb	327	246	Sb，12.0
Bi	271	Pb	327	124	Bi，55.5
Bi	271	Cd	321	146	Bi，60.0
Cd	321	Zn	420	270	Cd，83.0

附表 16　25 ℃下不同浓度醋酸水溶液中醋酸的电离度和电离常数

$c\times 10^3$/(mol·L^{-1})	α	$K_c\times 10^5$/(mol·L^{-1})	$c\times 10^3$/(mol·L^{-1})	α	$K_c\times 10^5$/(mol·L^{-1})
0.218 4	0.247 7	1.751	12.83	0.037 10	1.743
1.028	0.123 8	1.751	20.00	0.029 87	1.738
2.414	0.082 9	1.750	50.00	0.019 05	1.721
3.441	0.070 2	1.750	100.00	0.013 500	1.695
5.912	0.054 01	1.749	200.00	0.009 49	1.645
9.842	0.042 23	1.747	—	—	—

引自：尼科里期基．苏联化学手册(第三册)．陶坤，译．北京：科学出版社，1963.

附表 17　不同温度下一些难溶电解质的溶度积

化合物	K_{sp}	化合物	K_{sp}
AgBr	4.95×10^{-13}	BaSO$_4$	1.1×10^{-10}
AgCl	1.77×10^{-10}	Fe(OH)$_3$	4.0×10^{-38}
AgI	8.30×10^{-17}	PbSO$_4$	1.6×10^{-8}

续表

化合物	K_{sp}	化合物	K_{sp}
Ag_2S	6.30×10^{-52}	CaF_2	2.7×10^{-11}
$BaCO_3$	5.10×10^{-9}	—	—

引自：顾庆超，楼书聪，等．化学用表．南京：江苏科学技术出版社，1979．

附表 18　几种胶体的 ζ 电势

水溶胶				有机溶胶		
分散相	ζ/V	分散相	ζ/V	分散相	分散介质	ζ/V
As_2S_3	-0.032	Bi	0.016	Cd	$CH_3COOC_2H_5$	-0.047
Au	-0.032	Pb	0.018	Zn	CH_3COOCH_3	-0.064
Ag	-0.034	Fe	0.028	Zn	$CH_3COOC_2H_5$	-0.087
SiO_2	-0.044	$Fe(OH)_3$	0.044	Bi	$CH_3COOC_2H_5$	-0.091

引自：天津大学物理化学教研室．物理化学（下）．北京：人民教育出版社，1979．

参考文献

[1] 孙尔康,徐维清,邱金恒. 物理化学实验[M]. 南京:南京大学出版社,2000.
[2] 岳可芬. 基础化学实验(Ⅲ):物理化学实验[M]. 北京:科学出版社,2012.
[3] 罗鸣,石士考,张雪英. 物理化学实验[M]. 北京:化学工业出版社,2012.
[4] 王亚珍,彭荣,王七容. 物理化学实验[M]. 2版. 北京:化学工业出版社,2019.
[5] 许新华,王晓岗,王国平. 物理化学实验[M]. 北京:化学工业出版社,2017.
[6] 孙尔康,张剑荣,刘勇健,等. 物理化学实验[M]. 南京:南京大学出版社,2009.
[7] 吴子生,严忠. 物理化学实验指导[M]. 长春:东北师范大学出版,1995.
[8] 南京大学大学化学实验教学组. 大学化学实验[M]. 2版. 北京:高等教育出版社,2010.
[9] 苏永庆,段爱红,刘频,等. 物理化学实验[M]. 北京:国防工业出版社,2014.
[10] 古凤才,肖衍繁. 基础化学实验教程[M]. 北京:科学出版社,2000.
[11] 张秀华. 物理化学实验[M]. 哈尔滨:哈尔滨工程大学出版社,2015.
[12] 韩喜江,张天云. 物理化学实验[M]. 2版. 哈尔滨:哈尔滨工业大学出版社,2019.
[13] 徐菁利,陈燕青,赵家昌,等. 物理化学实验[M]. 上海:上海交通大学出版社,2009.
[14] 王舜. 物理化学组合实验[M]. 北京:科学出版社,2011.
[15] 刘建兰,张东明. 物理化学实验[M]. 北京:化学工业出版社,2015.
[16] 韩国彬. 物理化学实验[M]. 厦门:厦门大学出版社,2010.
[17] 邱金恒,孙尔康,吴强. 物理化学实验[M]. 北京:高等教育出版社,2010.
[18] 天津大学物理化学教研室. 物理化学[M]. 6版. 北京:高等教育出版社,2017.
[19] 傅献彩,沈文霞,姚天扬,等. 物理化学[M]. 5版. 北京:高等教育出版社,2005.
[20] 朱志昂,阮文娟. 物理化学[M]. 6版. 北京:科学出版社,2020.
[21] 李谦,毛立群,房晓敏. 计算机在化学化工中的应用[M]. 2版. 北京:化学工业出版社,2014.
[22] 刘勇健,白同春. 物理化学实验[M]. 南京:南京大学出版社,2009.
[23] [美]Robert H. Perry,[美]Don W. Green. 佩里化学工程师手册[M]. 7版. 北京:科学出版社,2001.

[24] John A. Dean. Lange's Handbook of Chemistry[M]. 12th ed., McGraw-Hill Professional Publishing, 1979.

[25] 日本化学会. 化学便览(基础编Ⅱ)[M]. 东京：丸善株式会社, 1966.

[26] John A. Dean. Lange's Handbook of Chemistry[M]. 11th ed., McGraw-Hill Professional Publishing, 1985.

[27] 印永嘉. 物理化学简明手册[M]. 北京：高等教育出版社, 1988.

[28] John A. Dean. Lange's Handbook of Chemistry[M]. 11th ed., McGraw-Hill Professional Publishing, 1973.

[29] [苏]尼科里斯基, 陶坤, 译. 苏联化学手册(第三册)[M]. 北京：科学出版社, 1963.

[30] 顾庆超, 楼书聪, 等. 化学用表[M]. 南京：江苏科学技术出版社, 1979.

[31] 天津大学物理化学教研室. 物理化学(下)[M]. 北京：人民教育出版社, 1979.